普通高等教育室内与家具设计专业系列教材

板式定制家具
封边技术与管理实务

刘晓红　高翰生　著

中国轻工业出版社

图书在版编目（CIP）数据

板式定制家具封边技术与管理实务/刘晓红，高翰生著. —北京：中国轻工业出版社，2023.6
ISBN 978-7-5184-2278-4

Ⅰ.①板… Ⅱ.①刘… ②高… Ⅲ.①家具—生产工艺—封边 Ⅳ.①TS64

中国国家版本馆 CIP 数据核字（2023）第 030194 号

责任编辑：陈 萍　　责任终审：高惠京　　整体设计：锋尚设计
策划编辑：陈 萍　　责任校对：吴大朋　　责任监印：张 可

出版发行：中国轻工业出版社（北京东长安街6号，邮编：100740）
印　　刷：艺堂印刷（天津）有限公司
经　　销：各地新华书店
版　　次：2023年6月第1版第1次印刷
开　　本：787×1092　1/16　印张：11.5
字　　数：280千字
书　　号：ISBN 978-7-5184-2278-4　定价：68.00元
邮购电话：010-65241695
发行电话：010-85119835　传真：85113293
网　　址：http://www.chlip.com.cn
Email：club@chlip.com.cn

171367J1X101ZBW

前言

如果说五金是板式家具的灵魂，那么封边就是板式家具的脸面。

在板式家具生产过程中，板式部件的边部处理是决定板件是产品还是材料的重要工序。对于板式家具，区别于实木家具最大的特点就是板式家具能做到“部件即产品”。之所以能做到这一点，非常关键的一个工序，就是封边。逢板必封，板式家具里的每一块板（只要是双贴三聚氰胺刨花板或密度板，或者其他板材），基本都要封四边，封了边的板件，就从基材或称为素板变成了家具的零部件，就成了家具的一部分，这就是为什么说板式家具能做到“部件即产品”。因此，封边质量的好坏，直接影响板式家具的品质与外观。

高质量的封边不仅能增加家具的视觉美感，实现功能与艺术的统一，还能保护基材免受环境湿度、温度和外力的影响，大大提高家具的使用寿命。

目前每个板式家具企业，尤其是板式定制家具企业，都非常重视封边技术，重视封边技术的研究和封边设备的投入。封边技术的发展日新月异，一方面，封边设备的进步给板式定制家具提供了越来越高效和智能的生产，越来越多的工艺选择和可选择的生产方式，例如封边速度越来越快，很多封边设备被称为“高速封边机”，就是能达到30～60m/min的运行速度。在生产工艺方面已经实现了直线、曲线、斜面、单边和双边、热风、激光等各种封边工艺。在生产方式上，可以间歇式生产，也可以进行半自动和全自动封边，还能实现整个系统连线的智能封边生产线。另一方面，通过各种材质、肌理、色彩、厚薄和宽窄的封边带，让板式家具在造型和设计上有了无限的空间，为消费者提供了丰富和多元的选择；各种激光技术与具有特殊胶黏剂封边材料的配合，让无痕、完美如一体的激光封边近来大行其道，而且这种技术随着国产设备的横空出世和大量生产（如佛山豪德生产的全自动激光封边机），正从市场的塔尖上走下来，开始走进国内更多家具企业的生产车间，这为消费者提供更加美观和高品质的家具提供了技术和装备的保障。

国家标准《家具工业术语》（GB/T 28202—2020）中关于家具的边部处理共有四种工艺，具体有镶边、封边、软成型封边、后成型封边。本书主要讲的是“封边”工艺，即密度板、刨花板、多层胶合板、细木工板等人造板部件的侧边，用各种封边材料条或其他材料（如涂料）进行封闭处理的加工工艺（见该标准的第70页6.178条款），同时，本书省略了定义中用涂料封边的内容。本书的重点是板式定制家具封边技术，因此，其笔墨重点就放在应用普遍的专用封边设备和成条、成卷的封边材料进行工业化封边的内容上，力求为行业解决主要和普遍的痛点问题提供帮助。

封边技术看似简单，其实非常复杂，牵扯的因素非常多，要想做好封边工艺，生产出高品质的家具，并非易事。

封边技术是通过胶黏剂把封边材料压贴在板式部件的边部，这样既保护了板材不被潮气入侵，同时又能够在一定程度上有效杜绝板材内部有机挥发物的释放，而且能提高产品的整体视觉美感。封边技术涉及加工信息及其信息的输入方式、基材的属性、封边材料、胶黏剂、封边设备、封边工艺和人的操作等相关技术要素，这几种技术要素和操作者相辅相成，构成了现在的板式家具封边技术。封边技术，与所有技术一样，具有技术四要素，同样要解决好四个要素之间的关系，才能应用好这种技术。本书就是基于这样的思维和逻辑，编写封边技术，没有仅从材料和设备上入手，而是涵盖了技术的四个要素——设备、人力、信息和组织这样一个完整的系统，才有可能将这种技术应用好，为企业和用户创造价值。这也是笔者写这本书的初衷，同时也是写这本书的难点。

封边技术之所以成为板式定制家具的核心技术，是基于板式家具所用基材的属性而产生的。人造板，作为一类工业板材，更作为目前全球板式家具的首选主材，因为它标准化程度高，种类、规格、厚度、质量和二次装饰的花色都可以高度统一和标准化，适合大工业生产，并且由于加工方便、出材率高、生产效率高、易于装饰等特点，成为现代板式家具生产不可或缺的主要材料。加工工艺上，考虑到人造板通过开料工序切割成精料板件后，其侧面是直接暴露出基材，而且由于人造板的侧面疏密不均，存在密度梯度和含水率梯度，不仅容易吸湿变形，从视觉上也无法成为完整的产品，所以必须对其四周进行边部处理，才能封闭水分和各种有机挥发性气体，同时美化产品，使之达到与零部件表面一样整体统一或形成反差的装饰效果。因此，封边就成了板式家具生产工艺中不可或缺的一个工序，也是影响产品质量和外观视觉效果的重要因素。

之所以写这本书，就是因为在实际生产过程中，封边质量问题属于高发、频发问题，生产效率也常常达不到设备应有的产能，导致生产成本居高不下，产品质量难以保证，返工现象普遍存在等。要解决这些问题，必须从系统和根源上解决问题，绝不能“头痛医头，脚痛医脚”，其根本问题就是要从整个产业链上梳理出封边技术的所有要素，同时建立标准，并且培训所有涉及该产业链的从业人员，如企业的工艺技术人员、设备管理人员、供应链管理人员、生产管理人员、设备操作人员等，只有对他们进行系统培训与考核，才能从设计端、采购端、应用端和管理端同步做好各方面的保障工作，只有多管齐下，封边工艺才能做到多、快、好、省。即使整个工序都已经自动化和智能化了，但这些基础的知识也依然适用，因为所有的一切都是由人来制定规则和实施控制的，任何生产活动都需要不断改善和提升，因此，对于企业而言，优化和改善是永无止境的生产活动，这就应了精益生产的那句口号：持续改善，永续经营；没有最好，只有更好。

目前，国内外还没有一本全面介绍封边技术及其管理方面的专业书籍，行业也非常缺乏这样专业性很强的培训教材，既全面系统，又有具体细节；既有理论又有实践；既有适合对从事这项技术的全产业链从业者可以学习和掌握的关键技术和方法，又有技术管理和生产管理的知识。为此，笔者几年前就打算撰写一套丛书，包括从板式家具制造的第一道工序开料开始，一直到封边、钻铣、装配，再到包装。就每个工序，尽量把它都写全面了，从材料、设备、工艺、质量评价和改进、生产管理、信息化等方面，让专业学生和企业操作人员、管理人员对板式家具的每道工序都有比较全面的认识，出现问题，也能从各个要素分析问题，从而提高解决问题的能力，做好制造，做好产品，用好资源，创造更大的价值。

本丛书的第一本教材《板式家具五金概述与应用实务》已经于 2017 年 9 月正式出版了，几年下来，该书作为很多高等院校、技工学校等家具专业的教材和家具企业的培训教材，得到了广泛的好评。转眼 5 年过去了，第二本才将要完成，很是惭愧，虽然迟来，也希望对院校、行业有所贡献，对读者有所帮助。

因为封边工艺牵扯的领域比较多，而且各个领域都是不同的知识体系。尽管自己从业 30 多年，也算是科班出身，也有过长期对企业和技术的研究与实践，但是真正要把各方面的知识融会贯通，也是非常不易，深感自己知识和经验的缺乏，要学习很多知识，还要去参与和指导实践。因为一本具有指导意义的专业书籍，不可能停留在书面的知识方面，更需要经验和验证很多做法。因此，围绕着封边技术，要对材料、设备、工艺、胶黏剂、生产管理、质量管理、标准等，系统地梳理出头绪和脉络，并且能深入浅出，能够让读者看得懂，还能让他们将一些有用的内容应用到实践当中，解决遇到的问题，我想，本书如果能达到以上目的，我就很欣慰了。

虽然断断续续撰写了几年，但是内容、范围和深度上还是很有限，之所以撰写几年，也是因为技术发展太快了，总是要不断地调整和补充新的东西，总是感到跟不上技术发展的速度。因此，考虑到时效性，只能在这个阶段先画上句号，以后再更新。即使目前到这个程度，也是在很多国内外专家的大力支持和帮助下才得以完成。为此，我要深深感恩那些热爱行业、一直为行业进步在奉献和创造着价值和未来并且帮助了我的朋友们。

首先，我要感谢封边材料上市公司——东莞市华立实业股份有限公司的董事长谭洪汝先生，在出书的经费和技术方面给予了我大力支持，应该说当初如果没有谭先生积极促成这件事，我也不能坚持把这本书写完。同时，感谢华立实业股份有限公司李子宽经理一直负责这件事，在很多方面给我很多支持；感谢赣州市南康区家具产业局李庆伟局长，为我及团队深耕南康家具产业、开展研究和企业服务工作提供了很大的帮助，为本书的完成提供了很大支持；感谢广东先达数控机械有限公司董事长刘乐球先生和营销总监曹志刚先生，还有我的学生何文锋，在封边设备和封边技术方面给予我很多资讯和实践的机会，他们不仅一直在创新，在数控和智能装备方面在行业里也一直处于领先地位，并且还不忘支持专业教育和人才培养，为学生提供了很多实践和就业的机会，并用心培养他们；感谢佛山豪德数控机械有限公司刘敬盛董事长，虽然相识较晚，但众人皆知，豪德在国内激光封边机的研发和生产方面处于领先地位，已经在国内售出了多台激光封边机和连线，令人敬佩，在我编写激光封边技术和设备内容方面给予我很多专业指导；感谢德国瑞好（REHAU）公司华南区总经理曾元洪先生，作为在封边材料领域领先的德国瑞好公司的资深专家，在最新的激光封边材料与技术方面给我很多专业指导，让这本书可以站在封边技术的前沿；感谢德国豪迈（HOMAG）木工机械有限公司华南区销售高级经理侯松杰和黄海波两位资深行业专家，还有优秀的销售精英王照先生，在了解和应用世界先进的封边设备与技术方面给予我很多专业指导与珍贵资讯的分享；感谢广东勇业装饰材料有限公司刘伟鹏董事长，在封边基材方面给予我的专业指导；感谢奥地利格拉斯（GRASS）中国区总经理李志强先生，在家具定制方面给予我很多的指导，并在社会资源方面给我很多支持；感谢杭州费德福默木工工具有限公司董事长冯茹鸣先生和总经理张丽丽女士对本书在技术方面的支持和指导；感谢我的学生陈庆颂前期为这本书所做的一些资料收集和整理工作；也感谢我的先生高新和教授，在很多方面给我无微不至的照顾与理解，让我有更多的时间和精力投入到工作当中。还有很多关心和支持我的朋友，无法一一列出，在这里一并致谢。正是得益于各方人士的大力支持与帮助，才能使本书得以出版。

本书通过七个章节对板式定制家具的封边技术进行了阐述：

1　定制家具概述。回答了“谁是封边”和“封边是什么”的问题。本章从三个方面对定制家具的概念、板式定制家具的制造技术和板式定制家具封边技术分别做了介绍，力求让读者对定制、板式家具定制及定制中的关键技术和工艺——封边从外到里、从上到下有一定了解，认识封边存在的环境、位置和角色，为后续的学习奠定良好的基础。

2　板式定制家具封边技术的构成与条件。回答了“封边需要什么样的技术条件”以及“要封边该做什么准备”的问题。本章从封边技术的构成和封边需要的条件展开，详细介绍了封边的基材、封边材料以及封边的胶黏剂，从物质基础上提出封边的条件与具体的要求。

3　板式定制家具封边工序的质量控制。回答了“封边工序是什么”“封边工序质量如何控制”以及“出现问题该如何解决”的问题，本章也是本书的重点。本章用较多的笔墨对封边工序的类型及其特点，以及封边工序的技术标准做了较详细的阐述，强调标准化是生产工序有序、高效和高质量的重要保证，无论是封边基材、封边材料还是质量检验，都需要有标准可依、有标准可检、有标准可评。

4　板式定制家具封边工序的设备及选型。回答了“封边工序用什么设备”以及“企业如何进行设备选型”的问题。封边是设备依赖度非常高的工序，也是企业设备投入很大的工序，因此，设备的合理选择与正确、高效利用是企业最要重视的事情，也是解决如何用有限的资源创造更大价值的问题，事关投入产出比，因此非常重要。

5　板式定制家具封边工序的生产管理。回答了“封边工序如何配置资源使利益最大化”“封边工序生产过程如何控制质量”“如何处理好上下工序之间的生产平衡”以及“封边产能如何核算”的问题。这是企业最薄弱和最缺乏的内容，因此，本书也重点阐述了这方面的内容。生产管理是企业的心脏，几乎所有的资源都是通过生产过程实现价值，在这个过程中，其产生的产品质量和成本也决定了产品能否成为商品进入市场，更决定了该商品能否成为畅销品。大多家具企业对重要工序的生产管理重视不够，或者不懂得如何管理，造成了企业重大和持续的多重损失，这在企业司空见惯，令人惋惜。

6　新型封边技术及封边材料。回答了“前沿的封边技术是什么”“新型封边技术与传统封边技术的区别是什么”以及“与前沿封边技术匹配的封边材料是什么”的问题。本章也是本书的亮点，对目前世界先进的封边设备、封边材料和封边工艺做了比较详尽的介绍，还把最新的技术与传统的技术做了对比，让读者对新旧技术有一个鲜明清晰的认识，在选择和应用封边技术的时候，能做出正确的判断。

7　板式定制家具封边质量问题研究案例分析。应用针对一个板式定制企业封边工序真实的研究案例，为其他板式定制家具企业的管理者或研究者提供如何研究一个工序的思路和方法。任何生产活动都需要去研究，通过充分了解生产资源和环境、掌握生产数据，才能够为该生产活动的质量、效率和不断改善提供依据。同时，也是希望通过案例，把前面分散的内容有机融合到一起，给实践者提供一个研究范例。

至于本书适合什么样的读者群，我想，本书的读者可以是家具专业的学生，家具企业、封边材料生产企业或封边设备生产企业的从业人员和专业人员，以及社会上希望从事家具行业的人士，这本书都可以作为他们入门的工具书或作为具体指导他们从事板式家具生产制造或生产管理的参考书，也可以作为家具企业针对封边工序进行设备选型的参考资料，至少在帮助他们正确认识封边技术和封边工序、正确选择合适的封边设备和封边工艺、正确管理封边工序使之质量稳定、生产高效和成本可控以及制定标准等方面提供参考和帮助。

本书还得到了“赣州市南康区人民政府与中国（南康）家具制造工程研究院合作协议（2021 年 1 月—2024 年 1 月）”精益生产项目的资助，在此一并感谢。

由于时间关系和个人能力与知识水平的限制，本书一定还存在着许多不足，甚至可能还存在着错误，请各位专家和行业人士不吝赐教，批评指正，笔者将虚心接受并感激不尽。

本书仅仅是个开始，我将继续深入研究板式定制家具其他工序的生产技术与工艺，并在后续不断完成板式定制家具生产工序的系列丛书，填补更多的行业空白，为推动家具行业可持续、高质量发展、为从业者能得到更好的专业提升和职业发展贡献微薄之力。

本前言以及书稿最后的修改，是我带领中国选手在刚刚结束的在瑞士巴塞尔举行的第46届世界技能大赛特别赛上为中国代表团赢得了第一块金牌，也是中国在世界技能大赛上家具制作项目的首金之后，回国后在北京隔离期间完成的，非常有意义，也以此纪念那段难忘的夺金时光和隔离的美好日子 。

刘晓红　深秋于北京公寓

2022 年 11 月 8 日

目录

3 板式定制家具封边工序的质量控制

4 板式定制家具封边工序的设备及选型

5 板式定制家具封边工序的生产管理

6 新型封边技术及封边材料

定制家具概述 1

1.1—1.2—1.3

1.1 定制家具的概念

1.1.1 板式定制家具的概念

我们研究一个问题，总是喜欢从这些关键词的来源去寻找来龙去脉。要讲定制家具，很多人就会问，那什么是定制呢？如果在网络上搜索“定制”的来源，几乎千篇一律，都是说“定制”这个词诞生于英国伦敦萨维尔街的男士服装制作，那可能考证的是“定制”这个词是进入牛津高阶辞典的时代。其实，“定制”这个词，在中国古代一点也不陌生，早在战国末期至秦楚交际时代的《鹖冠子·道瑞》里，就有“圣人之功，定制於冥冥。”的句子，这个定制是指拟定制度或法式；还有《汉书·贾谊传》里：“割地定制，令齐、赵、楚各为若干国。”；唐·李华《含元殿赋》中的“图正殿之逌居，规崇山而定制。”清·李渔《闲情偶寄·饮馔部·蔬食》中的“竹法慎初，不可草草定制。”《后汉书·应劭传》中写到：“杀人者死，伤人者刑，此百王之定制，有法之成科。”这个定制是指确定的规定或法规。可见，2000 多年以前，这个词在中华大地使用已较为广泛。从行为方式、人才的录用和做事的尺度上，中国千年以前就有很多成语，如量入为出、量才录用、量体裁衣等，表达了“定制”的概念。应该说在人类发展史上，没有工业化之前，有什么不是定制的呢？因此，这个词不是什么新词，也没有什么奥秘，只是今天的定制与过去的定制从手段上、满足市场需求的能力上、可选择的范围上、提供定制的时效上都有了很大的不同。每个时代都会对同样的事物赋予新的内容，这是社会发展的自然规律。

定制这个词，英文单词是 customize，根据牛津高阶辞典其词义为定制、定做，即按顾主的意思制造或改制，或按订货生产。在工业革命以前，以手工劳动和技艺为主的手工作坊生产方式被称为早期的“定制”。当时人们的“定制”不是主要建立在追求个性的需求上，更多是为满足基本的生活需要。进入工业革命后，大规模的工业化生产以及其带来的海量标准化的商品，让消费者只能被动地选择。从一定程度上讲，工业化生产为企业带来了空前的繁荣，极大地满足了大众的需求，但弱化了人类作为消费主体的根本宗旨。随着国民经济的发展，人们的物质需求得到了极大的满足，于是很多人厌倦了“千篇一律”，有能力也有条件可以“回归初心”，寻求个性化。这种愈演愈烈的个性化需求，引发了定制的热潮。从“大规模定制”到“高端私人定制”，随着信息技术和装备技术的日趋智能，大规模定制与私人定制的界限越来越模糊，3D 打印技术、智能制造和人工智能技术等，更是能实现彻头彻尾的“个性化”，实现真正意义上既能快速实现、又有价格优势的“私人定制”。

定制的繁荣有它的必然性。早在 1970 年，美国未来学家阿尔文·托夫勒（Alvin Toffler）在他的著作 *Future Shock* 一书中提出了一种全新的生产方式设想：以类似于标准化和大规模生产的成本和时间，提供客户特定需求的产品和服务。之所以提出这样一种设想，起因于他在 1960 年应 IBM 之邀，为其撰写《计算机对社会和组织的长期影响》的文章。通过对 IBM 的深入研究，他看到了计算机技术将改变整个社会形态，改变工业技术，改变消费方式。由此他开始了真正的探索未来之路，通过不断研究 IBM 和信息技术，他预见到大规模生产向服务和知识工作的转变以及数字化的革命兴起将必然发生。他的这一思想曾经影响了 20 世纪 90 年代的许多商业行为，也影响了斯坦·戴维斯（Start Davis）。

1987 年，斯坦·戴维斯在 *Future Perfect* 一书中首次将这种生产方式称为“Mass Customization”，即大规模定制（MC）。1993 年，B·约瑟夫·派恩（B·Joseph Pine II）在《大规模定制：企业竞争的新前沿》一书中写到：“大规模定制的核心是产品品种的多样化和定制化急剧增加，而不相应增加成本；范畴是个性化定制产品的大规模生产，其最大优点是提供战略优势和经济价值。”今天，这些先知们的预言，已经在中国市场得到充分验证。今天从新型定制模式起步的家居企业，的确通过这种新模式的战略优势取得了经济效益，赢得了市场。但随着信息技术和装备技术的快速发展，在赚了一桶金之后，随着大批企业蜂拥而至，竞争也到了白热化的程度，助推了今天的大家居定制领域，看谁更能快速高质量地价格合理地满足客户的需求，谁才能在市场上求得生存与发展。这种结果充分验证了 B·约瑟夫·派恩在 1993 年所描述的那种业态，20 多年后也在中国得到了充分的验证，这是谁也不会想到的。

今天社会所有的一切，都在快速发生着翻天覆地的变化，我们把这种变化叫“迭代”。其实，早在 20 世纪中后期，阿尔文·托夫勒就已经很明确地给出了今天技术快速“迭代”

的时间表。

阿尔文·托夫勒把人类社会的发展比作一辆不断加速的赛车，随着每一次技术进步，这种发展速度呈几何倍数上升。阿尔文·托夫勒制作过这样一张时间表：公元前人们普遍使用的交通工具马车的时速是每小时20英里，1880年发明的蒸汽火车已经提高到每小时100英里，1938年出现了飞机，速度已经达到了每小时400英里，1960年出现了火箭飞机，则将速度提升到每小时4800英里，而宇航船的速度则已经达到每小时18000英里。例如，中国超过350km/h的高铁，纵横在中国东南西北的铁路线已经超过1.5万公里，而且未来的“超级高铁”，将超过4000km/h。

阿尔文·托夫勒的另一张时间表是：1714年发明的打字机用了150年才被普遍运用，1836年发明的收割机用了100年才得以推广，而1920年左右发明的吸尘器、冰箱只用了34年就普及全球了，1939年以后发明的电视机等电器只用了8年时间就销至全球。这是个让人眩晕、迷茫的变化速度，但唯一的选择就是除了变革还是变革阿尔文·托夫勒称这种变革为革命。

21世纪的今天，阿尔文·托夫勒认为的这种“革命”，似乎每天都在发生。

随着经济的发展，人们日趋增长的个性化需求，对定制提出了更高的要求。板式家具的定制，从衣柜、橱柜等兴起，短短几年，已经上升到全屋定制，甚至全屋装修。过去装修公司干的活，今天家具企业全都可以完成。之所以能规模化、工业化地做到这一点，得益于软件技术、装备技术和信息技术的高速发展和日趋成熟。因此，今天做定制，完全不同于过去的“私人定制”，都是应用信息化手段，互联网技术，先进的柔性设备和多样化的材料，用工业化手段为客户实现“私人定制”。

综上所述，板式定制家具的概念，就变得很简单了。其实就是根据客户的需要，应用现代标准化的板式材料，通过现代技术手段（软件和硬件），完成设计和生产，通过零部件的现场组装，快速完成客户对家具和装修的需求。

定制就这么简单。

1.1.2 板式定制家具的特点

定制家具，是指以消费群体个性化需求为依据，按订单进行生产的家具产品。定制家具产品具有个性化、多样化特征，而且开发周期与生命周期较短。如今，定制家具不仅包括家具制造，还全面涵盖了整个空间设计、家具设计、家居配套、物流和安装等全过程的定制。这种新型的定制家具不仅与传统的成品家具不同，与装修公司的现场制作家具和室内装修也完全不同。其优势主要体现在以下几个方面。

1.1.2.1 集工厂化生产与现场安装于一体

这一点应该是与古代的定制和现代的装修最大的不同。过去都是在现场施工，工具和设施落后，制作工人水平参差不齐，因此，不仅不能保证质量，而且周期长，现场混乱，材料浪费严重，多半无图施工，不确定性很大。今天的定制，都是上门量尺寸，用专业设计软件按照客户的需求设计施工和家具生产图纸，报价也是标准和精准的。工厂按照前端的指令进行数字化制造，再将生产的零部件和五金一起送至客户指定地点，按照图纸精确安装，完成成品的实施。因此，在客户家里，只是安装工作，大大提高了效率和质量，减少了对客户的干扰和影响，并能完全实现跟图纸和方案一样的效果。

1.1.2.2 集精度、质量与经济为一体

与传统的家具现场制作过程相比，进行现场制作的木匠难以全面、综合地利用材料，继而导致各种边角料产生，材料利用率往往只有 70% 左右；更严重的是如封边的问题、贴木皮的问题，在现场是无法保证产品质量的，很多现场制作的贴木皮或其他装饰材料贴面的门板和柜体，以及手工封边的板件，几个月后就开胶了。但工厂中采用先进的裁板软件，通过批量揉单，又使用先进的电子开料设备，不仅保证了产品的质量和精度，而且出材率往往能达到 90% 左右；同时，使用专业、先进的全自动封边机，以及热压或冷压机，就能保证封边和表面贴面的质量，从技术和手段上保证了产品的寿命和质量，同时也更美观。

1.1.2.3 集个性化与实用于一体

定制家具可根据消费者的喜好、生活习惯、装修风格、居室环境和功能需求等条件进行专门设计。其色彩、用材、造型、功能等均可供消费者自由选择，甚至可以由消费者自己设计，最大限度满足个性化需求。此外，定制家具还可完全与装修协调统一，如定制家具可考虑灯具、电路插座和开关位置等，保证使用便利；定制家具还可根据房屋户型充分利用室内空间，提高空间利用率；同时，在定制家具内部的细节设计上，如抽屉的个数、挂衣杆的位置和数量、功能拉篮的数量和位置等，完全可以根据消费者的需求来设计。定制家具这种集个性与实用性于一体的特性，深受消费者的青睐，也是他们选择定制家具的主要原因，如图 1–1 所示。

1.1.2.4 集品质与环保于一体

与传统板式家具相比，主流定制家具所使用的板材不仅多为品牌板材，更重要的是

图 1-1 定制家具个性化与实用性

环保指标大大提高了。众所周知，自 2017 年，国家强制执行的是修订后的新标准 GB 18580—2017，该标准提升了甲醛释放量限量要求，统一甲醛释放量限量值为 0.124mg/m^3，限量标志为 E_1，取消了原来的 E_2 级别。可以说，E_1 级是市场的准入门槛。

随着消费者环保意识的提升，显然 E_1 级这个门槛并不能满足消费者日益增长的品质需求。于是很多家居生产企业将“E_0 级人造板”“无醛板”等宣传噱头推向市场。然而，国家标准层面并没有对于“E_0 级人造板”“无醛板”的相关规定。因此，部分企业和社会团体制定了企业标准或团体标准对 E_0 级人造板进行了规定，作为宣传依据。然而不同企业标准、团体标准对 E_0 级人造板的甲醛释放限量和检测方法并不统一。更有甚者，部分企业在没有任何依据的情况下宣称自家生产的家居产品使用的人造板是“E_0 级人造板”“无醛板”等。总之，当前市场上人造板甲醛释放量宣传依据混乱，消费者和家居生产企业都亟待一个分级更加细化合理、层次分明的人造板甲醛释放量分级标准，作为“官方背景”供消费者选择和企业宣传无醛环保人造板产品的依据。

国家标准《人造板及其制品甲醛释放量分级》（GB/T 39600—2021）于 2021 年 3 月 9 日正式发布，已于 2021 年 10 月 1 日起开始实施。该标准将人造板甲醛释放量分级做了进一步细化，具体分为 E_1 级、E_0 级和 E_{NF} 级，见表 1-1。从此，“E_0 级人造板”终于有了一个统一的官方（国标）身份，“E_{NF} 级”的登场也让“无醛板”有了一定依据，具体分级限量见表 1-1。由表可知，新标准的 E_1 级仍沿用 GB 18580—2017 的标准，新增加了限量更加严格的 E_0 级和 E_{NF} 级。因此，2021 年 10 月 1 日后，当商家宣传自己的板材是 E_0 级时，需出具相应第三方检测报告方可证明。

表 1-1　室内人造板及其制品甲醛释放量分级

等级	限量值 / (mg/m^3)	标识
E_1 级	0.124	E_1
E_0 级	0.050	E_0
E_{NF} 级	0.025	E_{NF}

另外，目前的定制家具，从工艺上也再次充分保证了家具的环保性。家具零部件的每块板，都是经过先进的封边技术对板件的四条边进行封边处理，大大降低了甲醛释放量；其次，大部分定制家具板材均为浸渍胶膜纸饰面人造板，除耐磨、耐划痕、防火性能优于涂料涂饰的板材外，在一定程度上大大降低了重金属含量，也避免了油漆的有机挥发物的释放。因此，定制家具不仅品质有保障，并且非常环保，如图 1–2 所示。

图 1–2　全屋一体化定制

1.1.2.5　工厂规模化定制

早期的定制衣柜通常是装修公司在客户家现场测量制作安装，由于加工设备、场所及人员素质的限制，这种方式加工粗糙、制作周期长、材料浪费大、加工成本高，更重要的是环境污染大。今天的定制家具都是零部件化，所有的零部件都是在工厂生产好，只是在现场装配而已。不仅质量好、周期短，而且还负责现场安装、调试，直到客户满意。这跟以前的方式完全不同，在时间短、价格低、效果满意的范畴内，为客户提供个性化的需求。无论是厨房空间还是卫浴空间，不论是儿童房还是全屋定制，目前的制造企业基本都是以定制模式布局生产，以柔性化的设备和设计实现个性化的需求。工厂形式如图 1–3 所示。

图 1–3 工厂规模化定制现场

1.1.3 板式定制家具的发展

20 世纪 80 年代，欧美国家已开始流行使用定制化衣柜。而定制家具进入中国市场较晚，并且最初是以“移动门”和“墙壁柜”形式进入我国，逐渐发展成入墙衣柜、步入式衣帽间，到如今包括橱柜、浴室柜等在内的全屋整体定制家具。

2000 年，法国索菲亚以入墙壁柜及移动门引入中国，开创了我国定制家具行业的先河。

2001—2003 年，许多移动门品牌，如加拿大科曼多，美国史丹利、雅迪斯等，陆续进入我国市场，并逐步带动了以美国 KD、广东百得胜、卡诺亚等品牌为代表的入墙衣柜、移门和步入式衣帽间在我国的发展，形成了定制家具行业的雏形。

2005 年，维意、好莱客、尚品宅配等品牌以主打定制柜体的形式加入，标志着定制家具行业的逐步成熟。

2007 年，随着定制家具行业的日益成熟，品牌影响力的扩大以及人们消费理念的升级，消费者对定制家具的认知以及接受度日益提高，定制家具行业竞争也日趋明显，品牌差距开始彰显。这一年，欧派公司也从专做橱柜开始向衣柜领域延伸，开始了大家居的战略。

2008 年，“定制家具”以及“全屋家具定制”概念的提出，规范了整体衣柜、入墙衣柜、定制衣柜及壁柜等行业称谓。同年，随着尚品宅配“全屋家私数码定制”概念的提出，将定制家具业与当今信息业接轨与结合，使定制家具从设计、销售到管理等方面形成信息一体化模式，这是定制家具行业革命性突破的标志。

2010 年，全国工商联家具装饰业商会衣柜专业委员会筹备成立，定制家具行业正式起航。

2015 年，由全国工商联家具装饰商会发起，索菲亚家居、广州欧派集成家居、德中飞美家具（北京）、广东顶固集创家具等国内知名企业共同起草的行业标准《全屋定制家居产品》（JZ/T 1—2015）出台，在一定程度上助推了定制家具行业的健康发展。这一年，受互联网思维影响，定制行业开启了“套餐时代”。定制行业多个品牌推出各种套餐，如索菲亚的799套餐、欧派的19800套餐。

2016年，行业里“全屋定制”成为潮流，很多做橱柜、衣柜、电器的企业，一窝蜂都转向“全屋定制”，因此，这一年又被称为“定制元年”。

2017年，定制企业都开始走上资本的道路，主要的一些定制企业都在寻求资本化运作，行业出现上市潮。这一年，欧派、金牌、尚品宅配、志邦、皮阿诺、我乐集中上市，行业呈现一片繁荣景象。

2018年，定制行业的竞争日趋激烈，一个名词出现了，那就是“全屋整装”，就是完全干了装修公司才能干的事情，也就是我们说的“从毛坯房到交钥匙”工程。尚品宅配、金牌、百得胜等品牌启动了整装项目。

2019年，对定制行业来说，也是不同寻常的一年，经过广东省定制家居协会、广东衣柜行业协会和广东省政府的多方努力，2019年12月，联合国工业发展组织授予广州“全球定制之都”案例城市，这标志着中国的定制被世界工业界所认可，同时，中国的定制家居也开始从中国向其他国家渗透。

2020年，随着新型冠状病毒的出现，人们对健康的认识一下上升到很高的高度，定制行业也快速做出反应，主流品牌纷纷推出“无醛套餐”，与上游板材生产企业合作打造自主板材的IP，从环保材料入手，形成新的品牌优势。同时，疫情也催生了“直播带货”，定制企业紧随其上，纷纷开始了“直播带货”。

2021年，随着疫情的常态化，企业生存环境日益严峻，竞争也日趋激烈。各种名词也开始炒作，如“高定”“全屋业态”“整家定制”等，无论怎么炒作概念，市场需求本身并没有什么大的改变，这些名词也许只能体现出消费升级的一些特征而已。

这一年市场遇冷，大多定制企业主要的问题是如何“活下去”，很多企业也在裁员，高层开始发生调整和变动，持续了多年的高速发展按停了“快速键”，开始迎接残酷的真正的行业洗牌。

2022年的经济形势更加严峻。国家统计局显示，从2021年1月—2022年4月，全国家具零售额持续下滑，2022年前4个月更是同比下降8.9%。从上市公司财报来看，2021年九大定制家具企业，有6家都出现了净利润下滑，并且很多品牌的终端门店陷入了停滞状态。这种状态，也使得强者更强，弱者更弱，市场的集中度会得到很大的提升，优秀的企业有了更大的发展空间和机会。

回顾历史，2002—2022年的20年间，是定制家居原创性发展的黄金20年，如今，定制家居已经步入成长期。20年间，我们一起见证了定制橱柜的发展，定制衣柜的问世，第一家定制家居企业的上市，第一家定制家居企业营收达到百亿，到2022年，已有两家定制家居企业营收过百亿；看到星星之火已经燎原，定制已经成为消费者首选的消费方式，定制已经从个别人的专属成为大众消费，这是社会的进步，也是行业的进步。

定制行业一直在变，也只有变才能应对瞬息万变的世界，才能一直永立潮头。因为定制符合人们追求的理想生活，因此，定制将生生不息，随着时代在迭代中一路前行。

1.2 板式定制家具制造技术概述

1.2.1 板式定制家具制造技术特点

板式定制家具制造技术与传统家具制造技术的关键区别是定制家具的生产技术模式是一种大规模定制的生产技术模式。大规模定制（Mass Customization，简称MC）是一种新的生产技术模式，主要根据每个用户的特殊需求，以大批量生产成本提供定制产品的一种制造技术模式，它以大批量的规模效益（成本和交货期）进行单件定制产品的生产。即一个企业每天能生产很大批量的订单，如尚品宅配每天可以处理8000~10000个订单，从生产角度看，这就是一种实实在在的大规模生产，每天车间都流淌着20多万个板件；但从每个订单的性质来看，每个订单却又不一样，都完全体现出个性化的需求。这就是大规模定制的特点。

MC是一种新型技术。1997年底，美国乔治·华盛顿大学一个专门小组对新兴技术发展作了预测，提出2001—2030年的85项技术，其中包括：计算机集成制造、大规模定制、绿色制造、工业生态学、高级机器人等。在中国家具行业，2006年，佛山唯尚家具制造有限公司（今天的唯尚集团，也就是很多人知道的尚品宅配）就高调地开始了探索“大规模定制”的模式，在中国开创了“全屋定制”的商业模式和制造模式。

大规模定制生产技术模式与传统的批量式生产和小批量多品种的生产技术模式相比，大规模定制生产技术模式主要表现出以下几个特点。

1.2.1.1 销售生产一体化

在大规模定制生产中，产品是根据客户需求的订单来进行生产，而这个订单随时都有可能在生产过程中获取，定制产品的种类、批量和交货时间都具有一定的动态性和不可预见性。因此，大规模定制生产从终端订单、服务流程的确定到工厂的订单处理和排产，从生产过程的运行和控制到终端客户的安装验收等服务，整个流程必须完备、通畅和缜密。单个优势不足以支撑大规模定制的实施，必须是系统化运行的结果。如图 1–4 所示为大规模定制生产的运行模式。

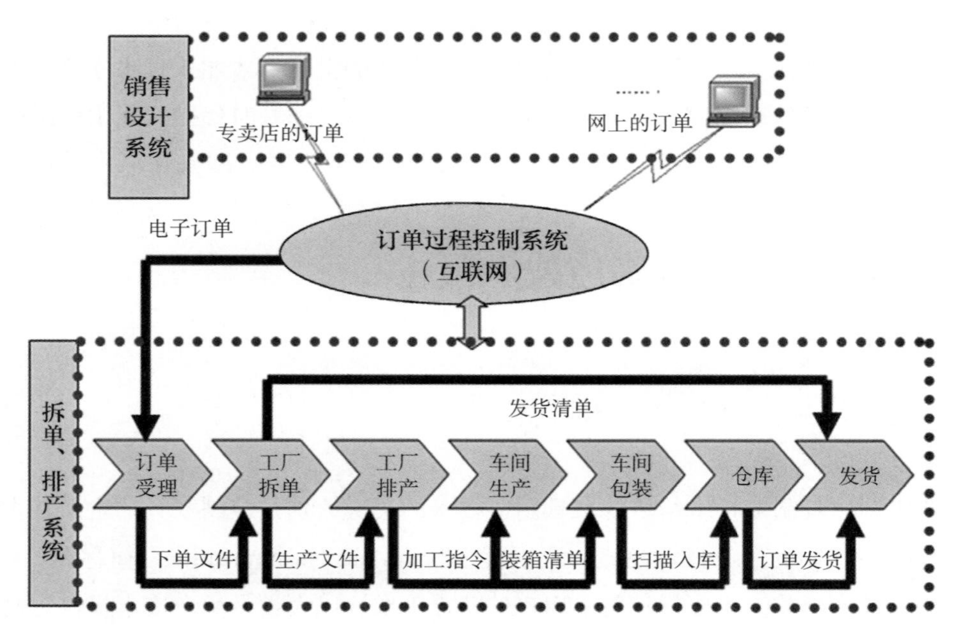

图 1–4　定制企业运行的系统演示图

1.2.1.2　做到准时化生产

准时化生产（Just in time，缩写 JIT）体现的是杜绝生产中一切不必要的浪费，客户需求什么就生产什么的生产理论（见图 1–5）。大规模定制生产中准时化具体体现在：生产排程的精细化安排，生产部门实行以“周生产计划为辅、日生产计划为主”的生产排程模式；生产过程进行严格把控，严格要求 QDC（品质、成本和交货期），控制现场物料和物流，保证多品种、多批次形式的交叉作业有序进行。

1.2.1.3　流程再造技术力

流程再造技术对管理流程和工艺流程具有不断地诊断、优化和改善的能力。流程再造（Business Process Reengineering，缩写为 BPR），早在 1990 年，美国哈佛大学博士迈克尔·哈默（Michael Hammer）教授和 CSC Index 首席执行官詹姆斯·钱皮（James Champy）合作的文章 *Reengineering Work：Don't Automate，But Obliterate* 中提出了 BPR 的概念，并且定义如下：“BPR 是对企业的业务流程作根本性的思考和彻底性重建，其目的是在成本、质量、服务和速度等方面取得显著性的改善，使得企业能最大限度地适应以顾客、竞争、变化为特征的现代企业经营环境。”流程再造的能力，就是对管理流程和工艺流程具有不断地

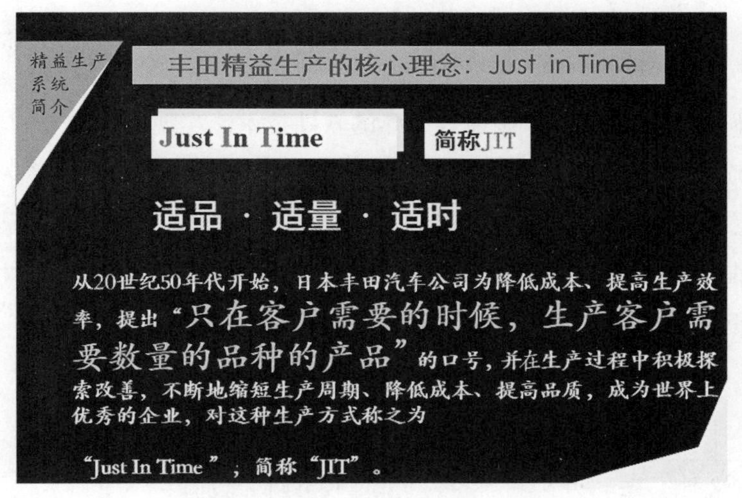

图 1–5 准时化生产的核心内容

诊断、优化和改善的能力。这种流程再造的能力，早在十多年前，笔者就在行业里通过写文章和讲座等形式大力倡导，认为这是企业顺应生产变化最重要的一种能力，尤其是定制企业，这里讲的流程，不仅指生产流程，更重要的是整个供应链各个链节运行的流程，概括来讲，包括管理流程、财务流程和业务流程（见图 1–6）。这些流程的优劣会直接影响到企业响应市场的速度和敏锐性。而且，这些方面都是传统企业长期以来不重视的地方，恰恰又是企业目前竞争最重要的地方。时至今日，流程再造依然是企业构建竞争力重要的思维和途径之一。

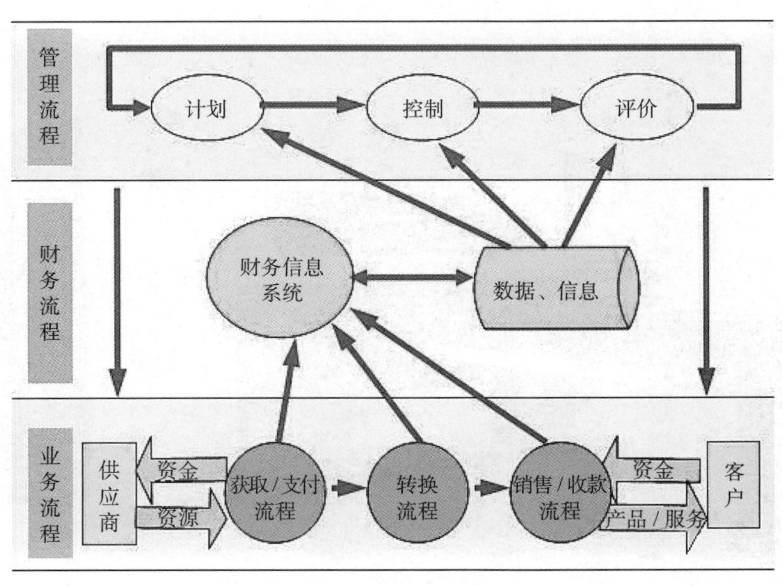

图 1–6 流程再造的系统演示

1.2.1.4 信息技术和手段

使用条形码和数控设备，采用比较成熟的软件技术，实现 CAD 软件与 CAM 设备的无缝对接、CAD 软件与电子开料锯的无缝对接等，实现定制的技术保障。图 1–7 所示为生产过程中的零部件条形码的标签及其说明。今天条形码和二维码都很普遍，可以记录越来越多的信息，并可以与设备直接联网，从而进行自动加工。图 1–8 和图 1–9 所示为实施无缝对接的设备和图纸。

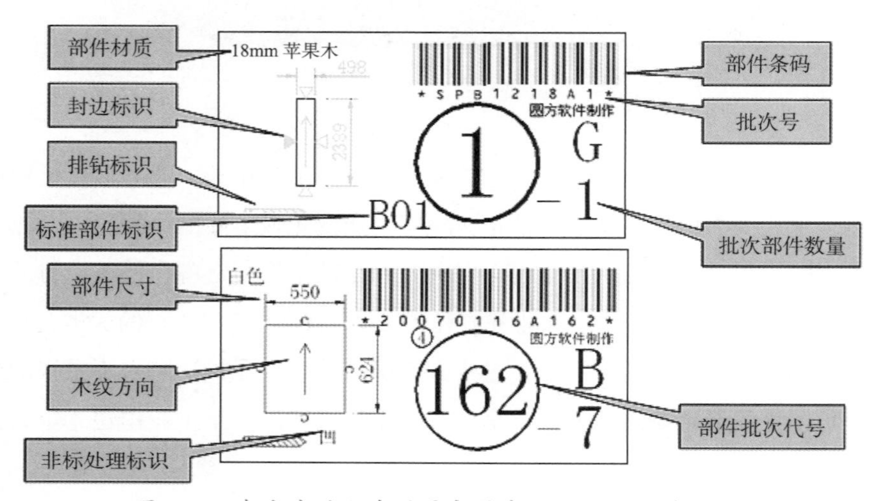

图 1–7　在生产过程中的零部件条形码标签及其说明

图 1–8　能与 CAD 实现无缝对接的六面钻 CAM 设备

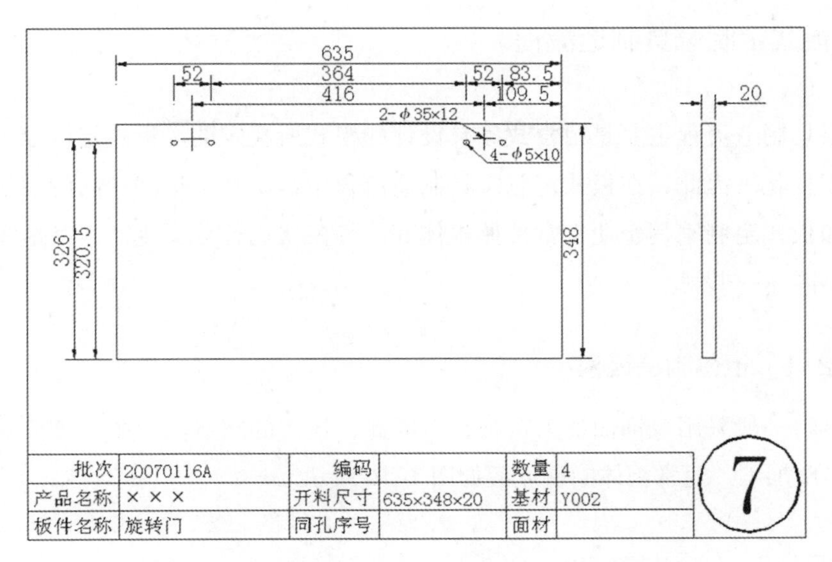

批次	20070116A	编码		数量	4
产品名称	×××	开料尺寸	635×348×20	基材	Y002
板件名称	旋转门	同孔序号		面材	

图 1-9 与 CAM 设备无缝对接的零部件图纸

1.2.1.5 柔性生产过程

柔性生产系统一般由数控机床、多功能加工中心和机器人组成，定制企业能够提供什么程度的定制产品，取决于企业生产系统具备的柔性化程度。不同规模的定制企业要从企业发展的实际出发，建立大规模定制家具生产柔性化生产平台。柔性化是定制企业一个重要的关键词。今天，如果前端没有能够快速给客户出效果图的柔性软件，后台没有快速处理订单的柔性拆单和审单软件，制造端没有柔性的生产设备，供应链端没有柔性的供应链管理系统，则企业做定制就难上加难了。在这种情况下，如果不能实现人与人、人与机器、机器与机器内部系统与外部系统之间数字化的信息流，那就无法实现数字化的人机对话，也无法保证信息的一致性和快速传输，也就很难实现今天这种高度数字化的精准高速的柔性生产。

企业的柔性也就是应变市场和客户需求的能力，它是实现定制能力和定制程度最重要的属性和能力。定制企业之间的竞争力，在某种程度上就是比拼企业的柔性。企业小的时候，没有资金的优势，也没有软件和硬件的优势，企业的柔性，就只有依赖先进的管理，但实际上，小企业往往受制于人才水平，管理水平会更低一些，因此，小企业一定要选择较单一的产品才可能快速成长。企业大而强的时候，无论是软件还是硬件，以及人力资源，都具有竞争力，在单方面的柔性也会大大增强，但要想获得系统的柔性，更需要科学管理，才能发挥系统的优势。今天面对更加不确定的市场，企业更要培养自己的柔性，也就是应变性，争取快速适应市场的变化而得以生存。

1.2.2 板式定制家具制造流程

板式家具制造流程主要是由板式家具设计的模式所决定的。板式定制家具设计的主要方法是模块化。因此，在板式定制家具制造流程中，常常会根据产品的模块化规划制造流程。如板式定制家具企业常常按照柜体和门等模块进行分类生产，其他零部件的生产流程就不再一一举例。

1.2.2.1 柜体制造流程

柜体材料一般采用双饰面的人造板材。因此，柜体的制造流程中不需要对柜体板材表面进行二次加工。通常柜体制造流程如图 1–10 所示。

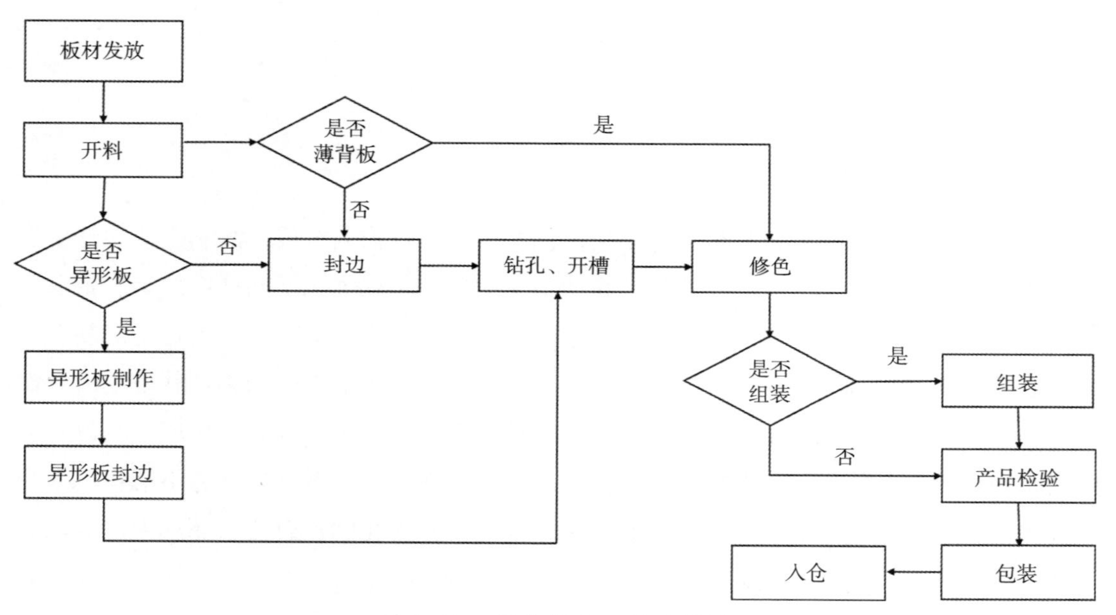

图 1–10 柜体制造工艺流程图

从图 1–10 所示柜体制造工艺流程图可知，柜体的生产是由不同的零部件通过一系列加工工艺的串联或并联组成的复杂过程，包含许多变化和不确定因素，生产过程控制也相对较为复杂和多变。以上柜体制造的流程图仅供参考。企业不同、产品不同、设备不同、产品质量等级不同等因素，都将有不同的工艺流程。

1.2.2.2 柜门制造流程

按照不同的开门方式，柜门可分为移门和平开门。其中，移门大多数是以铝框架加门芯板形式，其制造流程如图 1–11 所示；平开门按照门板表面处理工艺不同，可分为吸

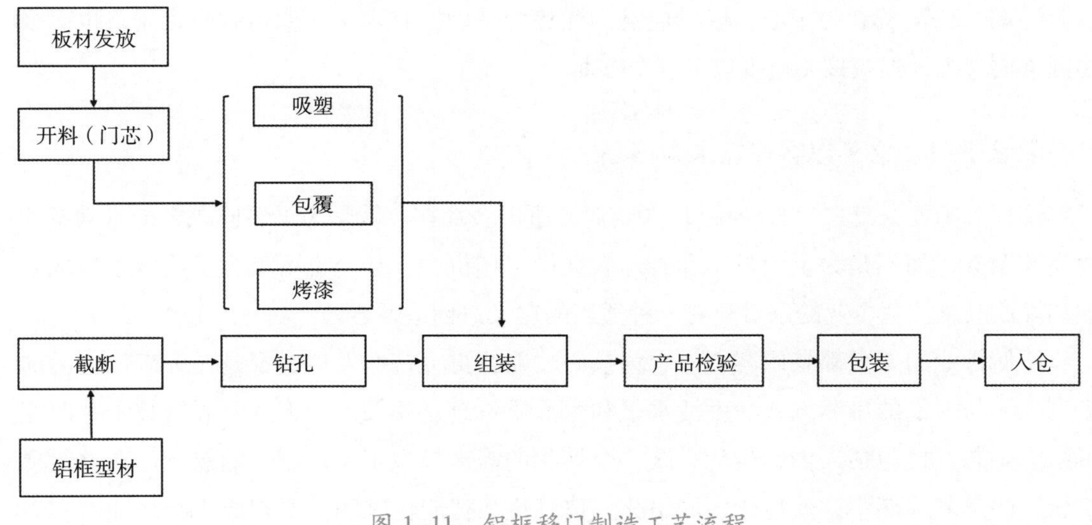

图 1-11 铝框移门制造工艺流程

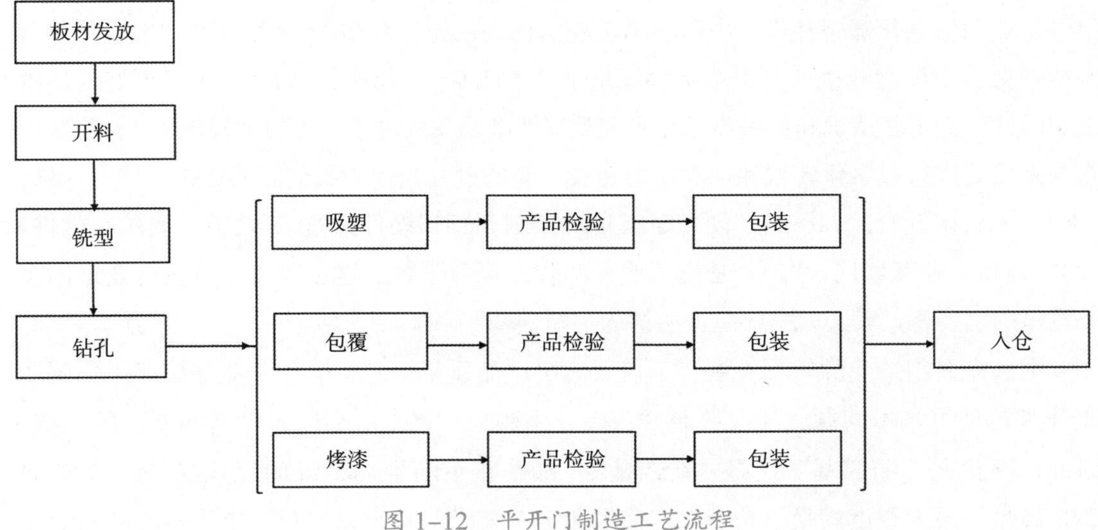

图 1-12 平开门制造工艺流程

塑门、包覆门、烤漆门和实木门，其制造流程如图 1-12 所示。

要特别说明，无论柜体还是柜门，以及其他部件或产品的生产，随着技术进步，生产方式和工艺流程都会发生很大的变化，在此只是举两个例子，仅供参考，不作为可以直接使用的流程。

1.2.3 板式定制家具制造发展关键要素

定制，毋庸置疑，这是民心所向的需求。定制企业顺势而上，创新性地满足了这种需求。因此，才能在这么短的时间，举世界之力，创造出辉煌的业绩。创新永远要以市场为导向，以消费者为中心，以供应链的优势为基础才有未来。如何做好定制，也有很多因素要考虑，但应该要重视以下五个方面。

1.2.3.1 必须以客户需求为核心

管理大师德鲁克先生曾经说过："企业之所以会存在，就是为了要向顾客提供满意的商品和服务，而不是为了给员工和管理者提供工作机会，甚至也不是为了给股东赚取利益和发放股息。""企业的宗旨只有一种适当的定义：创造顾客。"

任何行业的未来都是以客户需求为核心才能获得可持续发展。家具作为人们生活的必需品，与人们的生活方式、生活水平和生活质量息息相关。今天的互联网技术，改变了社会生态，也包括人们的生活方式。个性化的需求导致了"定制"的热潮。在这股愈演愈烈的定制浪潮中，数控化、网络化、信息化、智能化这四个要素成为企业能否实现定制重要的技术手段，也是企业之间竞争的重要要素。

工业和信息化部副部长、中国科学院院士怀进鹏先生在2016年举行的"工业软件与制造业融合发展高峰论坛"上第一次提出了"新四基"，他说："如今，为了更好地让制造业的同仁们重新认识和进一步思考有关数字转型的发展过程，工信部提出了'新四基'：在未来发展进行数字化转型和推动能力建设的新的过程当中，我们需要抓住一硬、一软、一网、一台来配合。"其中，"硬"是指自动控制和感知硬件；"软"是指工业核心软件；"网"是指工业互联网；"台"是指工业云和智能服务平台。这也印证了家具行业定制企业竞争的四要素，其实就是怀院士所讲的"新四基"。

中国家具制造业的转型发展，不仅要解决产品质量提升、强化工业基础能力、制造业升级转型等基本问题，还要跨越"一硬、一软、一网、一台"这"新四基"的门槛。因此，不论是"旧四基"还是"新四基"，都是在不断推动传统的工业经济从B2C向C2B转型，最大程度满足消费者对产品和服务的需求。只有以客户需求为核心的商业模式才能最终赢得市场。

1.2.3.2 必须重视供应链的建设和维护

英国供应链管理专家马丁·克里斯托弗在1992年指出："21世纪的竞争不再是企业和企业之间的竞争，而是供应链和供应链之间的竞争。"可见供应链的战略地位。企业仅仅作为产业上的一个环节而存在，它的发展完全依赖于源头、上游、中游、下游整体经营活动的状态。只有当产业链上的所有企业达到管理最佳、技能最优、效率最高的境界，或达到产业链整体最优的程度，才能居于市场领先地位。

市场竞争模式由单体企业间的竞争转向由核心企业主导的企业群间的供应链竞争，已成为趋势，如图1–13所示。供应链竞争的精髓，是链条上的各个企业能够实现核心资源的最优化整合，获得增值，进而赢得市场份额。同时，市场竞争加剧必然推动企业从“小而全”到“小而专”“大而专”的转变，实现社会专业化分工，从而获取“唯一”或“第一”的市场话语权。目前，定制行业之所以发展比较好，在一定程度上比传统的企业对供应链的认识更深刻，而且与供应链的合作也更加规范和深入。这些企业知道要想在市场上成为引领者，就必须跟国内外一流的企业合作，才能在某个方面先人一步、快人一步，获得竞争力。无论是尚品宅配，还是索菲亚，使用的设备、材料、软件、五金等，都是来自国内和国际一流的企业，如封边材料的供应商之一——东莞华立实业股份有限公司，数控设备的供应商——广东先达数控机械有限公司和金田豪迈木工机械有限公司，定制家具五金配件的供应商——奥地利优利思百隆有限公司等国内外知名公司，他们之间，不仅是供应商关系，更是战略合作伙伴。优秀的下游企业与优秀的上游企业紧密合作交流，联合攻关，实现共赢。在这一点上，定制家居企业无论从思维上，还是实践中，对供应链的认识和重视要远远高于传统家具企业，始终让优质资源最大化为自己使用。赢得供应链，才能赢得最后的市场。

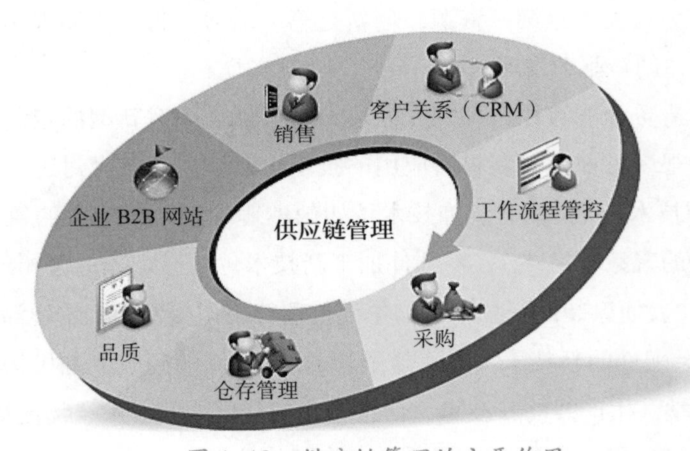

图 1-13　供应链管理的主要作用

1.2.3.3　必须重视人才体系的建设与维护

德鲁克先生曾经这样说：“人是企业最重要的资产。管理者必须尊重每一个员工。尊重并不单单是一种礼貌的要求，更重要的是基于这样一个理念：员工才是企业真正的主人。”任正非先生认为，对人才的管理能力才是华为的核心竞争力。对于一个企业而言，没有人才不行，没有对人才的管理更不行。

今天的家具定制企业需要的人才已经完全不同于传统企业的人才属性，他们必须具备很强的学习新知识、新技能的能力，以及在此基础之上的创新能力，尤其是对于设计、软件、管理等方面，必须具有一定的现代知识的基础，才可能比较快地适应定制企业快速发展的信息化建设、营销模式、制造技术和全新的大数据管理的要求。同时，企业能否具备对新的人才提供系统的培训和管理，并持续地进行人才培养和提升也提出了更高的要求。这就是有的企业本身也不错，但不懂得如何培养和管理人才，人才最终难以发挥应有的价值，极大地影响了企业的竞争力。而目前发展好的定制企业，如华立、先达、金田豪迈、百隆、尚品宅配、索菲亚等，无一例外都非常重视人才培养，也有比较完整的一套人才培养体系，因此，基于人才的优势，他们才走在行业的前列。

人才，是企业未来竞争的筹码；人才管理，是企业竞争能否获得成功的保障。因此，必须重视人才体系和制度的建设与维护。

1.2.3.4 必须重视技术创新，才能引领潮头

习近平总书记早在2018年12月18日庆祝改革开放40周年的大会上就讲到：我们要坚持创新是第一动力、人才是第一资源的理念，实施创新驱动发展战略，完善国家创新体系，加快关键核心技术自主创新，为经济社会发展打造新引擎。

习近平总书记在二十大报告中再次强调，我们在建设现代化强国的过程中，必须坚持科技是第一生产力，人才是第一资源，创新是第一动力，为此要深入实施科技兴国战略、人才强国战略、创新驱动发展战略。

技术是一个制造企业能否在市场领先的决定性因素。面对新型的定制家居，新技术层出不穷，体现在很多方面。如新材料应用的技术（如华立的激光封边带与豪迈的激光封边机如何配合的技术），新型的装饰技术（如伦敦普瑞特公司生产的氮气准分子生产技术和可连续生产的辊涂平贴线），零部件加工新技术（如广东先达公司的SKD–6的数控六面钻的应用），表面涂装的新技术（如伦敦普瑞特公司研发的木皮辊涂UV水性肤感涂装新技术），五金配件的新技术（如百隆最新的8mm厚的门板上翻机构）……新技术层出不穷，不胜枚举。生产线的新技术、信息管理与分析的新技术、物流管理的新技术、产品包装的新技术等，每一个领域的新技术，都可能给企业带来全新的竞争力，都给行业的技术进步带来很大的变革。

企业不仅要引进新技术，更要自己研发新技术，才能形成自己真正的竞争力。国外优秀的企业，无一例外都是自主研发新技术的企业，如奥地利的BLUM公司（百隆），有自主研发的全套生产设备和管理体系，技术发明专利1000多项，位居奥地利国家专利成果的前五名，所以，他们才有这么强的国际竞争力。

1.2.3.5 必须重视创新，只有创新才有未来

德鲁克认为，真正能使社会改变的是创新。他所主张的创新是指“集体的创新”，而不是“个别的创意”，是产业的变革与社会的重大改变，是社会性和经济性用语，而不是科技性和技术性的名词。“创新”是创业家与企业家的特殊工具，他们凭借创新，将变革

当作开创另一事业或服务的大好机会。

正如德鲁克先生说的那样，在今天这个瞬息万变的世界里，企业要想发展，只有创新才有出路。模式创新、管理创新、供应链创新、技术创新、工艺创新、设计创新，企业在每一个方面都需要创新，因为企业每一天都会遇到这样那样的问题，创新就是不断解决问题，企业才能持续地生存和发展，也才能建立自己持续的竞争力，才能始终在群雄逐鹿中保持胜利者的地位。

1.3 板式定制家具封边技术概述

从这一部分开始，真正进入本书的主题——封边技术。那么，什么是技术？什么是封边技术？封边技术的发展历程和趋势是什么？本节就按照认识事物的逻辑顺序从以上问题逐步深入，开始解读封边技术。

1.3.1 封边技术概念

了解封边技术要回答两个问题：一是什么是技术？二是什么是封边技术？搞清楚概念，对认识这项技术及其内涵非常重要。只有充分理解了概念，才能在实践当中应用好这项技术，把握趋势，顺势而为。

1.3.1.1 技术的含义

在现代工业生产中，任何生产活动都有三个可控因素，即投入、产出以及把投入转化为产出的技术。技术被看作是一种把自然资源转变为产出性资源，或者把一种产出性资源转变为另一种产出性资源的手段。生产过程中投入与产出之间的转化是由技术来实现的。从这个意义上讲，可以把技术看成四个基本要素的组合。

（1）生产的设备与工艺

它是技术的实体形式，包括资源转化活动所必需的物质设备和工艺，如机器、设备、厂房等，称为设备要素或设备件（Technoware，简写为 T）。

（2）生产技能与经验

它是技术的人为形式，包括资源转化活动所要具备的能力，如专业知识、操作技能、创造力和经验等，称为技术的人力要素或人力件（Humanware，简写为 H）。

（3）生产的资料与信息

它是技术的信息形式，包括资源转化活动所必需的资料与信息，如理论与设计、资料、规范、软件等，称为技术的信息要素或信息件（Inforware，简写为I）。

（4）生产的组织、计划与管理

它是技术的组织形式，包括资源转化中所需的组织与管理，如分配、销售、管理制度等，称为组织要素或组织件（Organware，简写为O）。

我们把以上四要素总称为技术。技术的四要素是相互补充的，在任何生产活动中都需要四个要素同时起作用，缺一不可。技术四要素相互作用的方式十分复杂，其相互关系体现在以下四个方面：

①设备要素是生产转化活动的核心，为转化活动提供物质保证。随着设备要素复杂程度的提高，人力要素、信息要素和组织要素复杂程度也应与之相适应地提高，才能获得技术的协调发展。

②人力要素是资源转化活动的主体，它实现对设备要素的操作，并完成技术要素的改进、更新和提高。对于国家和企业而言，人才是第一资源。

③信息要素是由人力要素所建立与利用的。没有信息要素的支持，对设备要素的正确决策和应用是不可能的，没有信息要素的更新，设备要素的正确选择和改进也是不可能的。

④组织要素将资源转化活动中的设备、人力和信息要素协调在一起，并为它们提供服务和指导，使转化活动得到预期的发展。组织要素要不断改善，以适应其他三个要素发展的需要，并适应资源转化活动外部环境的需要。

组织要素在今天的技术革命中变得更加重要，只有组织创新、制度创新，才能激活作为第一资源的人的活力，才能将其他资源通过人转化成价值和竞争力。

一般来说，技术四要素的概念是进行工业系统技术评价与选择的基础。搞清楚它们之间的关系，对企业最大化应用好所拥有的资源，发挥各个要素的作用与价值很有帮助。

1.3.1.2 封边技术

封边技术就是通过胶黏剂把封边材料压贴在板式部件的边部，这样既保护了板材不被潮气入侵，同时又能够在一定程度上有效杜绝板材内部有机挥发物的释放，而且能提高产品的整体视觉美感，如图1-14所示。封边技术涉及封边材料、胶黏剂、封边设备和封边工艺等相关技术，这几种技术的相互融合、相辅相成构成了现在的板式家具封边技术。封边技术，与技术一样，同样具有技术的四要素，同样要解决好四个要素之间的关系，才能应用好这种技术。本书就是基于这样的思维和逻辑，写封边技术，没有仅从材料和设备入手，而是涵盖了技术的四个要素，设备、人力、信息和组织，这样完整的一个系统，才有可能将这种技术应用好，为企业和用户创造价值。这也是笔者写这本书的初衷。

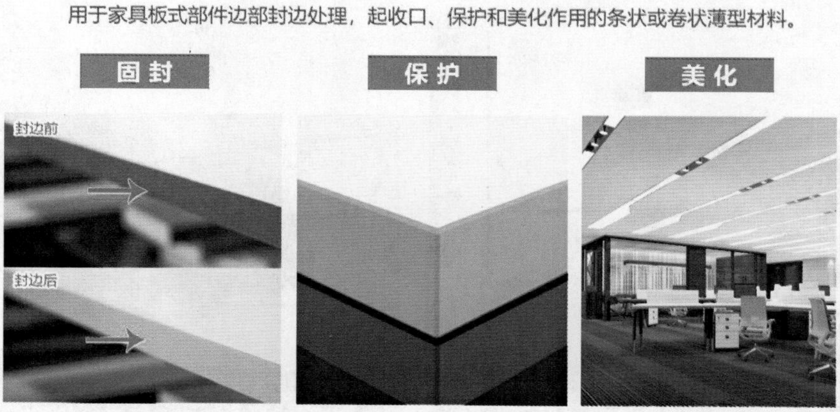

用于家具板式部件边部封边处理，起收口、保护和美化作用的条状或卷状薄型材料。

固封　保护　美化

封边前

封边后

图 1–14　封边的作用示意

封边技术是板式定制家具的核心技术。这种技术是基于板式家具所用基材的属性而产生的。人造板，作为一类工业板材，更作为目前全球板式家具毋庸置疑的首选主材，因为加工方便、节省材料、生产效率高、花色繁多等特点，成为现代板式家具生产不可或缺的主要材料，如图 1–15 所示。从加工工艺上，考虑到人造板完成开料切割成板式零件后，其侧面疏密不均，存在密度梯度和含水率梯度，不仅容易吸湿变形，而且从视觉上也无法成为完整的产品，所以必须对其四周使用封边材料（图 1–16），对其边部进行处理，才能封闭水分和各种有机挥发性气体的释放，同时美化产品，使之达到与零部件表面一样的整体统一的装饰效果，如图 1–17 和图 1–18 所示。因此，封边也成了板式家具生产工艺当中非常重要的不可或缺的一个工序，也是影响产品质量和外观效果的重要因素。

图 1–15　各种饰面人造板

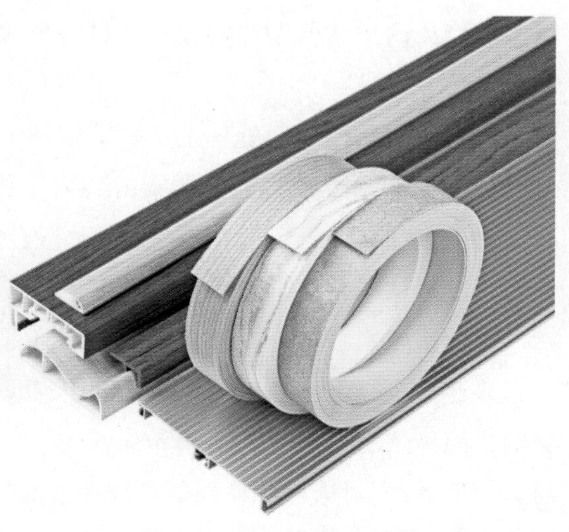

图 1–16　各种封边材料

图 1-17　使用封边的饰面人造板制造的厨房家具

图 1-18　使用封边的饰面人造板制造的餐桌

1.3.2　封边技术的发展概况

封边技术跟随新材料的发展而发展。随着科学技术的不断进步，各种新材料的不断应用，封边技术呈现出许多新的发展趋势。

1.3.2.1　封边材料的发展

进入21世纪，各种印刷装饰纸封边材料的需求量呈上升势头，与此同时，各类耐热、耐水、经久耐用的薄型热塑性封边材料也大量应用在各种厨房家具、办公家具和浴室家具上。

在封边材料的表面处理上，随着定制家具的兴起，消费者对于个性化的追求越来越高，各类印刷木纹和装饰性图案的装饰贴面封边材料（图 1-19）也就应运而生。如今，与板材的表面装饰材料，无论在质地、颜色、肌理和花纹都相匹配的封边材料应运而生，更大程度地从产品整体效果的一致性上满足了消费者的需求。

在封边材料成分上，随着消费者对环保性的要求日益剧增，新型环保封边材料应用也越来越广泛，其中 ABS（Acrylonitrile-butadiene-styrene，丙烯腈 - 苯乙烯 - 丁二烯共聚物，简称 ABS）和 PP（Polypropylene，聚丙烯，简称 PP）是目前生产封边材料的优质材料，但 ABS 封边材料易受稀释剂和溶剂的侵蚀，在后期的清洁和修色过程中容易腐蚀封边带的表面，影响产品质量。PP 是封边技术的最新成果，前景良好，其抗化学腐蚀性能好，收缩系数小，但挤压困难，PP 着色性能优于 ABS。目前，ABS 和 PP 的使用也保护了环境。

在目前的封边材料市场，还有一种新型材料越来越受到人们青睐，它就是聚甲基丙烯酸甲酯（Polymethyl methacrylate，简称 PMMA），就是俗称的有机玻璃，其本身是透明的，封边带的装饰材料可以贴覆在 PMMA 的背面，从而形成一种三维视觉效果，这种封边材料也称为三维（3D）封边带。

图 1–19　各种封边材料及其特点

1.3.2.2　封边设备的发展

传统封边技术是通过胶辊把熔化的热熔胶均匀涂到板件的边部，再依靠压辊将封边条紧紧压到板件边部实现封边。随着新技术的发展，新型封边设备上应用了激光和热风技术，代替了传统封边机上的涂胶装置，形成了新型无缝封边技术。

激光封边技术是将激光应用到封边设备上，代替了涂胶装置，通过激光装置向封边带发射高能量的激光，通过溶化封边带上的特殊聚合物，完成了溶胶的操作，再通过压紧机构完成封边材料与板件的黏合，如图 1–20 所示，使用激光技术封边的部件精美动人，如图 1–21 所示。热风封边技术是通过喷嘴喷射高温高压的热风到内侧带有胶水的封边带上，从而将胶水溶化，再通过压轮机构完成封边材料与板件的黏合。

板式家具的板件以直边为主，因此，一直以来都以直线封边机为主，如图 1–22 和图 1–23 所示。曲线的封边，大多以手动曲线封边机为主。随着市场对曲线封边需求的日益增加，自动曲线封边机应运而生，大大提高了曲线封边的加工质量与效率。

目前，随着消费者对个性和审美的要求越来越高，在家装方案中曲线的零部件数量也日趋增多。但是绝大多数企业对待曲线封边，基本都是依赖人与设备的同步操作才能完成，封边效果与设备、胶黏剂和操作人员的操作水平有很大关系，若操作不当或工艺参数控制不好，极易产生封边条脱胶等工艺缺陷，是板式家具中质量最薄弱的一个点，而且大多数曲线封边质量与全自动直线封边机封出来的边有明显的区别，无形中拉低了整个产品的质量。而自动曲线封边机则可以高质量、高效率地完成这项工作，为企业增加生产效益。

图 1-20　零胶线的激光封边技术

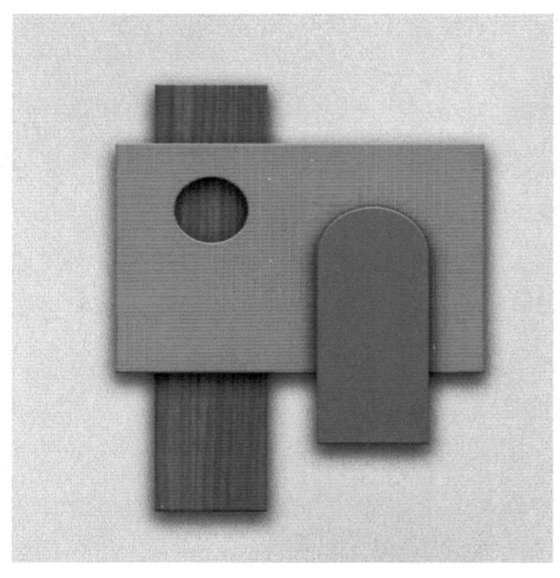

图 1-21　零胶线的装饰板材

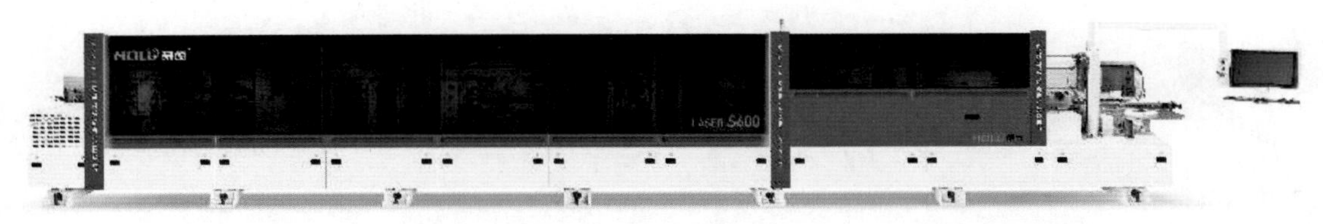

图 1–22　佛山豪德最新生产的 LASER S600 全自动激光直线封边机

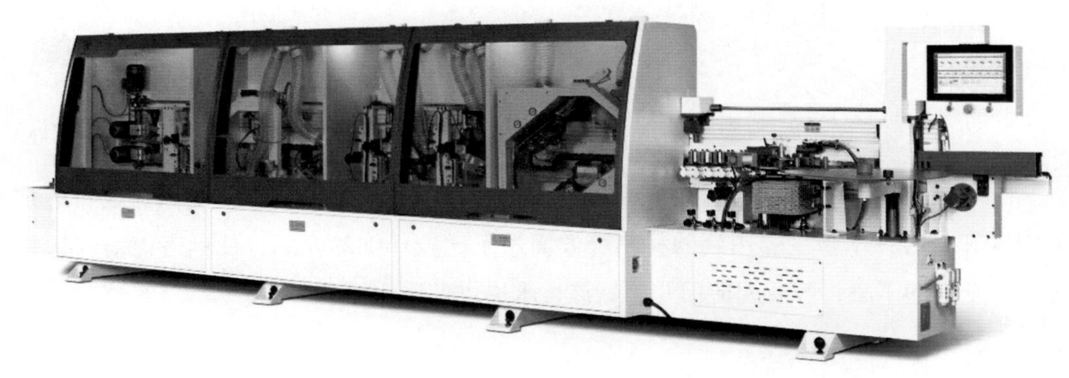

图 1–23　广东先达最新生产的全自动直线封边机

本章小结

定制，从远古时代就有的人类需求和社会服务的“定制”，到今天通过现代技术和手段演变成一个工业化、智能化水平很高的并能完全实现个性化需求的更高层次的“大定制”；远古的定制也从一个个小作坊变成今天一个个现代化的大工厂。家具行业也因为定制而崛起，市场不断扩大，定制家具行业表现出强大的生命力。

本章主要阐述了定制家具的定义、板式定制家具产业的发展历程及其特点，让读者对这个产业的缘起有一个初步的了解。其次，对板式定制家具制造技术的起源和发展过程，以及对作为定制家具制造技术核心内容的重要组成部分——封边技术做了比较详细的阐述，这也是本书研究和阐述的主题和重点。同时，对封边技术的主要要素——封边设备、封边材料及其发展趋势做了分析，这些都为后续章节内容的展开做好了铺垫。

2 板式定制家具封边技术的构成与条件

2.1—2.2

本章是整全书的重点，阐述构成封边技术最重要的要素。本章主要从构成封边技术的因素和封边技术中主要用到的材料等方面做了比较详细的介绍，使读者能对封边技术有一个全面的了解，为后期使用并用好该技术提供理论依据和参考。

2.1 封边技术的构成

封边技术与所有的技术一样，都不是由单一要素构成的，从初期需要很多人工干预到今天可以完全实现全自动智能封边，它始终都是由多因素构成的系统，只是构成封边技术的要素不断在迭代和升级，如设备因素、人力因素、信息因素和组织要素等，才有了今天这么先进的封边技术。这一部分包含两方面内容，即封边技术的构成和实现封边技术的条件，两者缺一不可。

2.1.1 封边技术的构成要素

封边技术的构成包括设备、人力、信息和组织四个部分，缺一不可。研究封边技术，就需要围绕这四个方面来进行。重视任意一个方面，而轻视另外的因素，都会造成技术体系的不平衡、不完整，也无法全面发挥系统的优势。下面分别说明封边技术四要素的具体内涵。

2.1.1.1 设备因素

设备因素主要是指封边设备，通过封边设备完成对板式家具的封闭和装饰需求。设备是一个企业制造水平的重要基础。设备的智能化水平，直接决定着生产效率和产品质量，也决定着企业定制能力和生产柔性的程度。

2.1.1.2　人力因素

人力因素主要指生产管理人员和设备操作者，这也是技术构成中重要的因素。一方面是指管理方面；一方面是指具体操作层面。管理方面就是要应用好所有关于这个技术的资源，最大限度保证质量最优和效率最大化，并能及时动态地与整个生产系统做好协调工作。操作者就是要熟悉设备和工艺，掌握质量标准，在现有条件下保质保量地完成生产任务，并在一定范畴内完成优化和改善的工作。

人力因素，已经成为第一生产力。无论多么先进的设备，都需要人力去应用和提升其价值。人力因素也成为最具有潜力和活力的技术要素。

2.1.1.3　信息因素

信息因素就是产品设计、生产图纸、技术规范、设计和管理应用的软件，如CAD、3DMAX、ERP、条形码的读码器等，都属于信息因素。这个因素在当今的封边技术中显得越发重要，这是未来企业应用的主要技术因素，是企业信息化能否实现的关键技术要素。现在家具企业实施的ERP系统和定制模式，其基础都是信息要素。离开了这些信息要素，是无法实施高效、准确和大量的工作统计、协调和计划任务的。

2.1.1.4　组织因素

组织因素就是家具企业的组织架构和职责分工，主要载体就是管理层，他们直接决定了管理的水平，即是否能最大限度地调动人、机、物、料以及信息之间的配合和协调，这就是管理的价值所在。现在的制造系统，不是以单个因素的优劣和简单集成来评判系统的优劣的，而是以一个系统的因素之间的协调性、均衡性来判断的。

2.1.2　实现封边技术的条件

封边技术的实现离不开生产活动中的“人、机、料、法、环”这五个方面的相互作用，以下是实现封边技术的几个条件。

2.1.2.1　基材的边部质量和厚度公差

中密度纤维板和刨花板由于表面粗糙度，比封边条的封边面高，所以易吸收胶黏剂中的溶剂而产生缺胶，因此涂胶量一般应在200～250g/m^2（其他材料的涂胶量应为

150 ~ 200g/m^2）。

基材的厚度公差应控制在 ±0.2mm 以内。如果厚度公差不能有效地控制，在修边时会铣掉贴面材料而裸露出基材来。

2.1.2.2 胶黏剂的种类和质量

目前，大多数的封边是通过使用热熔胶（EVA/APAO/PU），将热熔胶涂布于基材或封边带上，然后通过压力区使其黏合，胶合原理如图 2–1 所示。

现代封边机使用的胶种主要是热熔胶。这种胶在常温下为固态，加热熔融为流体，冷却后迅速固化而实现封边。

热熔胶种类较多，而热熔胶的性能主要是受胶的熔融黏度、软化点、热稳定性和晾置时间等因素的影响。根据热熔胶软化点这一特性将热熔胶分为高温热熔胶和低温热熔胶。在封边生产中常常根据季节的不同，而选择不同软化点的热熔胶。

胶的作用主要有：连接封边带和板材，避免封边带的膨胀、收缩，保护板材。

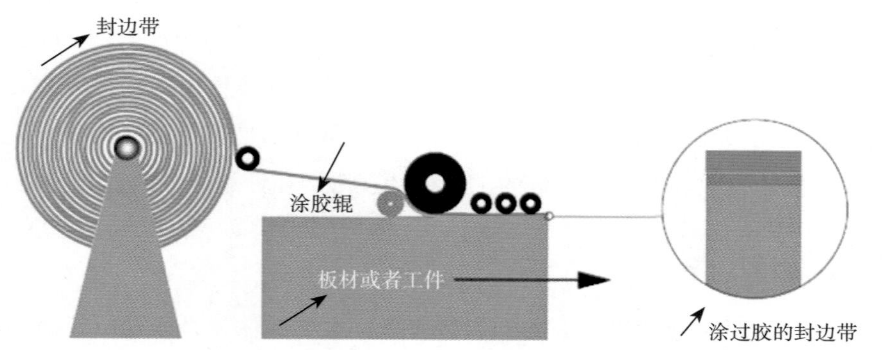

图 2–1 封边带通过设备将热熔胶辊涂到边带里面实现封边的过程示意

2.1.2.3 封边材料的一些特殊处理

封边条无论是 PVC 还是 ABS 等其他高分子材料，和胶黏剂是不兼容的，需要在封边条背面涂一层背涂材料，类似亲和剂，才能将胶水和封边条相互黏结背涂。目前市场上有溶剂型和水剂型，主要以溶剂型为主。

对于 PVC、ABS 以及三聚氰胺塑料条等封边材料，内表面光洁度越高越好，这样背涂材料才能更均匀地涂布到封边条上，同时，很好的内表面光洁度在封边时与基材表面贴合才更充分，避免空气的存在，降低质量缺陷发生的可能性。

在封实木条、单板等封边材料时，要注意实木条的厚度公差及实木条涂胶面的表面粗糙度，表面太粗糙耗胶量大，封边强度降低，封边质量差。

2.1.2.4　室内温度及机器温度

（1）室内温度

在北方的一些家具企业中，冬季封边时易产生封不上或封边强度较低，这主要是北方的车间温度一般是在15℃左右。由于基材的体积较大，在通过封边机时，基材的温度不能迅速提高，而封边条可在瞬间达到封边机胶辊的温度，由于封边时封边材料和零部件的材料热胀冷缩系数差距较大，封边材料和零部件加热温度也不一样，使两种材料热胀率不同，当冷却时，收缩也不一样。当收缩力大于封边时的胶接力时，导致封边条脱落。因此，室内温度要控制在18℃以上，必要时可在封边前对零部件进行预热（可在封边机前加一段电热器）。

（2）机器温度

现在几乎所有的封边机都具有温度显示功能，封边机显示器的温度必须等于或大于（一般可大于5℃）热熔胶完全熔化的温度。如采用高温热熔胶时，机器温度应控制在180～210℃。

2.1.2.5　封边设备的加工质量

（1）进料速度

现代自动封边机的进料速度为18～24m/min，有一些自动封边机的进料速度可达到120m/min，而手动曲线封边机的进料速度为4～9m/min。自动封边机的进料速度可以根据封边强度、封边条的厚度来调整。

（2）封边压力

自动直线封边机和软成型封边机的加压方式不同，但原理是一致的，热熔胶是需要快速胶合的胶种，其胶合压力应根据使用封边材料的种类、厚度及基材的材质等决定。对于自动直线封边机通常采用气压方式加压，压力一般为0.3～0.5MPa。软成型封边机因压料辊的形式与自动直线封边机略有区别，除采用一定压力外，还要考虑每个小压辊弹簧压力的影响。

（3）修边和齐端质量

现代直线封边机由于加工的需要，在通过封边机压辊后，常配有前后齐端，上、下粗修和精修，跟踪上、下修圆角，砂光、铲刮和抛光等装置。现代自动软成型封边机除以上配置外，有些还配有铣边型和软成型压辊装置。在生产中企业常常忽略的一些问题如下：

①齐端锯、修边铣刀的变钝问题。这直接影响齐端和修边质量，特别是在修边时，因封边机可修边的倒角为0°～30°，而实际生产中常常选择的修边角度为20°，刀具不锋

利将导致修边的表面光洁度下降。同时，修边时刃具的切削力与工件移动时产生了一个向外的斜下方或向外的斜上方的合力，此力会削弱封边条与被胶接工件的强度。有些企业在购买封边机后不知道可以刃磨此刃具，以至于从没有刃磨过。刃具的刃磨方法同其他同类型刃具刃磨方法一致。对于采用快换刀头、刀片的齐端锯、修边铣刀是不能刃磨的，要定期进行更换。

②与齐端锯、修边铣刀同轴的跟踪导向轮同轴度不高或加在刀轴上的压力不足，导致齐端、修边高低不平，质量不高。

③跟踪修圆角的刀轴和同轴导向的万向轮调整不好，使跟踪修圆角的刃具修边、修角易出现高低不平，表面光洁度低，质量不高，有时还需要手工辅助修整。

2.2 封边技术中的材料

材料是封边技术的核心因素。封边技术中主要涉及三种材料：一是基材，需要封边的材料，通过封边实现从素板到零件的过程；二是封边条材料，是被封到板材上起到封闭有害气体并装饰板件的材料；三是实现封边技术的媒介——胶黏剂。这三种材料缺一不可，是实现封边技术的物质基础。

2.2.1 封边板件基材

人造板是板式定制家具的主要基材，人造板的性能和质量等级直接决定了定制家具产品的品质高低，同时，作为封边技术的基材，它的性能高低与封边质量有着直接的联系。可以制作板式定制家具的人造板有很多种类，如图 2-2 至图 2-9 所示，各有其优缺点，其在板式定制家具中的使用量也有高低之分，就目前整个板式定制家具市场而言，采用最多的人造板材主要有饰面板和实木板材两大类，其中饰面板是当前板式定制家具用量最大的板材。

饰面板有三聚氰胺饰面板和薄木贴面饰面板之分，饰面板使用的基材有纤维板、刨花板和胶合板。不同基材的饰面板对封边技术要求的影响不同。

2.2.1.1 纤维板

纤维板有很多种类，按照密度分，有高密度纤维板、中密度纤维板和低密度纤维板；还可以按照功能、生产工艺等分类，在此不做一一介绍。纤维板是以木质纤维或

图 2-2 中密度纤维板（MDF）

图 2-3 普通刨花板

图 2-4 定向结构刨花板（OSB）

图 2-5 基材为刨花板的三聚氰胺板装饰板

图 2-6 胶合板

图 2-7 细木工板

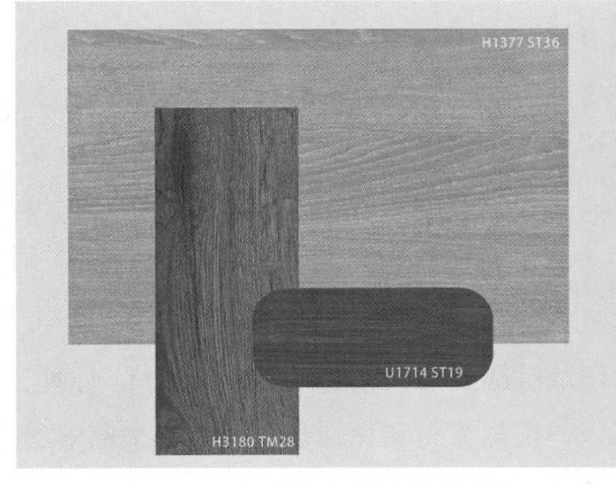

图 2-8 安哥拉灰的爱格装饰板

图 2-9 意大利可丽芙的情绪板

其他植物纤维为原料，施以脲醛胶（或其他适用胶黏剂），经干燥、铺装、热压而成的板材。

2.2.1.2 刨花板

刨花板（Particleboard，简称PB）是利用木材加工中的碎料（刨花、碎木片、锯屑等）与胶料拌合，经过热压制成的。按制造方法分为挤压法、平压法等。平压法刨花板的平面上强度较大。按结构可分为单层、三层、渐变结构等。单层结构刨花板由拌胶刨花不分大小地铺装后压成，这种刨花板饰面时较困难；三层结构刨花板，外层用较细的机械刨花，用胶量较大，芯层用较粗的刨花，用胶量较小，这种刨花板适于制造家具。

2.2.1.3 胶合板

胶合板由三层或奇数多层的单板胶合而成，相邻层单板的纤维方向互相垂直。胶合板大量用于房屋装修、家具翻造和商品包装等。

以上三种人造板的制作原料和工艺不同，其形成的板材端面也是不同的，所以这三种人造板进行封边时，其封边的涂胶量也不同，经过对不同板材基材的封边剥离试验得出结论，见表2–1。

表2–1 不同材质封边时的涂胶量

板材种类	纤维板饰面板	刨花板饰面板	胶合板饰面板
涂胶量/（g/m^2）	185～220	220～250	200～230

在当前板式定制家具市场上，以刨花板为基材的饰面板是定制家具的主流材料，而纤维板因其板材的特性主要应用于板式定制家具造型板件的基材。造型板件的边部处理工艺主要通过油漆涂装或吸塑处理等，而不是用封边带封边。因此，板式定制家具封边的主要对象是饰面刨花板。随着人造板产业的升级，低端板材将被更加环保的高端板材取代，其中可饰面的OSB板材越来越受消费者青睐，如华立集团下的美合板（图2–10）。美合板是兼具实用性与艺术性的装饰板材（图2–11），选用无醛胶生产的可饰面OSB板与进口三聚氰胺纸胶合，表面经压纹处理，具有环保、纹理逼真、手感佳、物理性能好等优点，具体如下：

（1）绿色环保

美合板全部采用异聚氨酯胶，符合欧洲高环境标准EN300标准，达到欧洲E_1标准，其甲醛释放量几乎为零，远低于其他板材，可以与天然木材相比，是目前市场上高等级的绿色环保装饰板材。

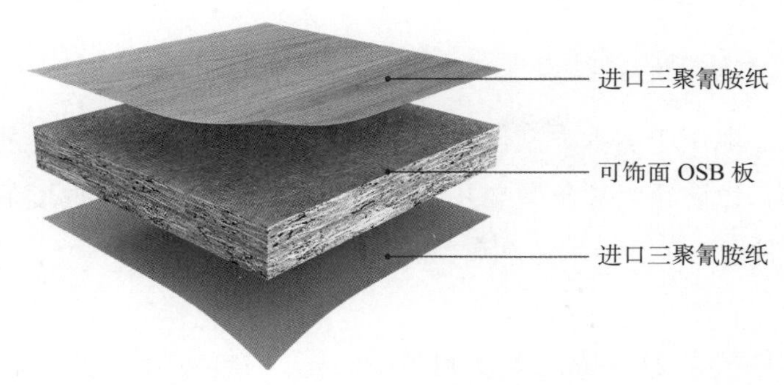

图 2-10 华立公司的美合板结构

图 2-11 华立公司美合板的部分系列产品

（2）高强度

美合板内部为定向结构，无接头，无缝隙，整体均匀性好，不易发生变形，内部结合强度极高，无论正面还是侧面都具有超强握钉能力。

（3）防水性佳

美合板内部为定向结构，其表层刨片呈纵向排列，芯层刨片呈横向排列，这种交叉结构使得板材密度小，防潮性能强。

2.2.2 封边条材料

封边材料主要指的是封边条，在国家标准《家具工业术语》（GB/T 28202—2020）中对封边条的定义是：用于家具板式部件边部封边处理，并对侧边起保护和装饰作用的条状或卷状薄型材料，一般要求与贴面材料协调一致，常用有木条、薄板条、薄木条、三聚氰胺树脂装饰板条、塑料条（如 PVC 塑料条、ABS 塑料条）等。根据封边条材料的不同，可以分为木质、纸质、塑料和金属四大类。

2.2.2.1 木质封边条特点

木质封边条一般用于实木类家具，有单条和成卷两种形式。成卷的木质封边条背后通常附有无纺布，以防止封边条破裂并增强它的胶合能力。根据厚度的不同，可以分为实木条和木皮两种。

（1）实木条

实木条厚度一般在 2～8mm，最大可达 20mm，一般选用的厚度为 5mm 和 7mm。宽度由板件厚度决定，通常成卷规格有 2mm×30mm、2mm×23mm，单条有 2mm×30mm、5mm×45mm、7mm×55mm、8mm×55mm 等。实木条一般用于实木家具中较大、较厚的板件，如台面。

（2）木皮封边条

木皮的厚度一般在 0.3～2mm，规格有 0.4mm×30mm、0.6mm×20mm、1.5mm×28mm、2mm×28mm 等，如图 2–12 所示。

木质封边条在直线封边时，含水率一般控制在 8%～12%；进行曲线封边时则需要控制在 15%～20%，以增加封边带的柔韧性。工件封边后还需经过打磨，与零部件或产品一起进行涂装，保证色彩和质感的一致性。

图 2–12　木皮封边条

木质封边条的尺寸稳定性与木材特有的干缩湿涨特性有关。由于木材的细胞壁物质——纤维素和半纤维素等化学成分中有许多游离羟基，它们在一定温度、湿度条件下具有很强的吸湿能力，其中尤以半纤维素的吸湿作用最大，随着木材在含水率低于纤维饱和点（一般在 25%～30%）时发生解吸或吸湿现象，木材细胞壁内纤丝间、微纤丝间和微晶间水层会变薄而靠拢或变厚而伸展，从而导致细胞壁乃至整个木材尺寸发生变化。而木材结构上的各向异性又驱使木材在不同方向上的尺寸变化程度不同，主要体现在纵向尺寸变化小，横向尺寸变化大。

2.2.2.2 纸质封边条特点

在板式家具发展前期，基本上用的都是纸质封边条，便宜，容易封上，但因为很薄，产品品质一般，现在几乎很少使用了。纸质封边条是指利用三聚氰胺浸渍纸分条成卷得到的封边条，其生产工艺流程如图 2–13 所示。

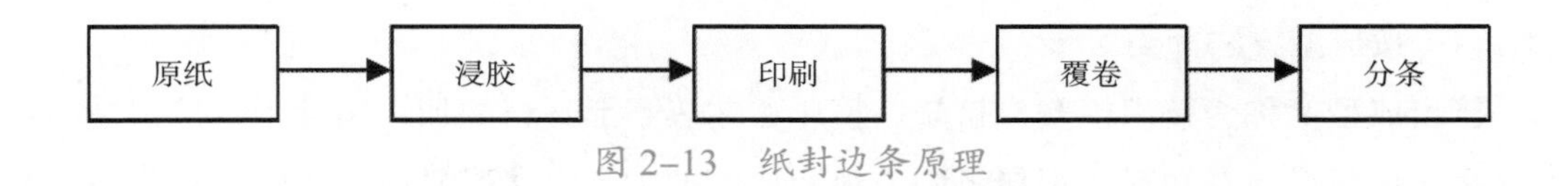

图 2-13　纸封边条原理

原纸经浸胶后，印刷底色和面色，面色根据客户要求选择，之后成卷，可根据客户要求进行切条，即切割成不同宽度的封边条，也可成卷出厂。

纸质封边条最大的优点就是可以与板件面部的花色或者木纹色达到统一，从而有很好的美观效果。另外，就是有很好的胶合能力，但较脆，柔韧性不高。纸质封边条在经过封边机封边后棱边不够光滑，通常还需要人工修边。一般用在质量要求不高的板件上，如背板、底板和一些拉档等。

2.2.2.3　塑料封边材料特点

随着人民生活品质的提高，塑料封边条以其独特的装饰功能、多彩的视觉效果、百变的图案纹样以及完美的贴面结合，越来越受到广大消费者的青睐。所谓塑料封边条是指热塑性塑料颗粒或粉料加入一些助剂后经过压延或挤出而成型的封边条。封边条的组成结构及详细生产工艺流程如图 2-14 和图 2-15 所示。

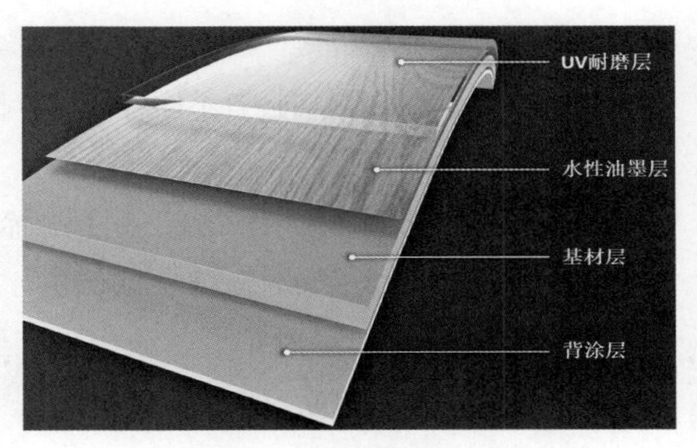

图 2-14　封边条组成结构

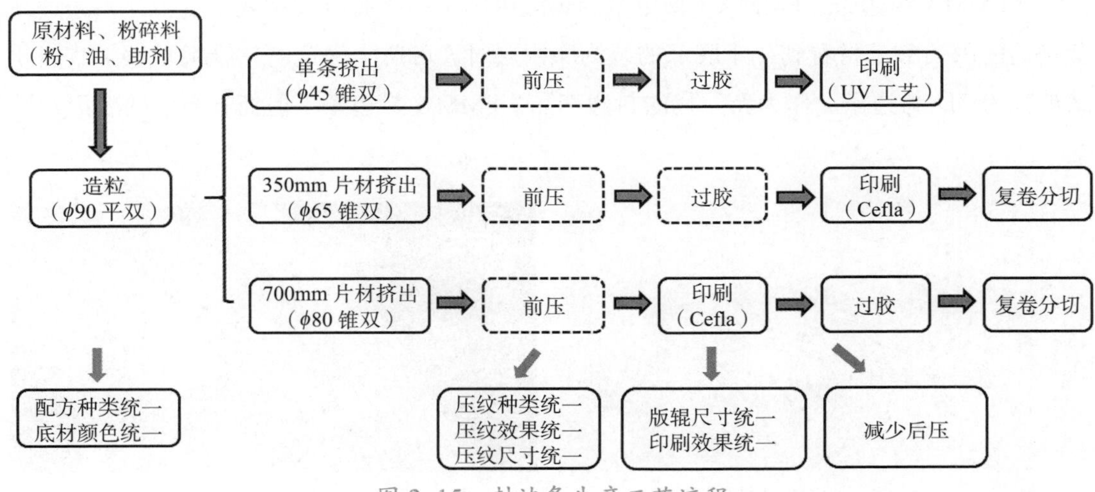

图 2-15　封边条生产工艺流程

（1）按成型方法分类

挤出成型又称为挤出模塑或挤塑、挤压，在热塑形塑料的加工领域中，挤出是一种变化多、用途广、在塑料成型加工中占很大比例的加工方法。目前，在塑料封边条生产企业中，挤出工艺主要以生产平板及片材居多。平板挤出是通过一个牵引力使封边条拉伸成片型，一般挤出厚度为0.45～3mm，宽度为12～120mm，长度为50～350mm/R条形产品。片材挤出则是利用辊筒将搅拌好的原料压延成型，之后根据客户的需要进行不同宽度的切割，也称分条，厚度一般为0.35～1mm。其中，PVC和ABS原料加入助剂后，可制造出平板和片材两种形式的封边条。PMMA封边条材质脆，易开裂，难以切割，因此，多以平板形式出现。

（2）按原料分类

①PVC封边条。PVC（聚氯乙烯）封边条产量大，价格低廉，性能良好，是目前应用最为广泛的一种塑料封边条，如图2-16所示。但PVC耐热性较差，在高温下易变形，造成封边条和家具板件之间的胶合质量问题。同时，生产加工PVC封边条需在配方中加入众多助剂，这些助剂均含有不同程度的有机挥发物，需要对这些助剂进行监督和控制，从而保证封边条的环保性。

②ABS封边条。ABS（丙烯腈、丁二烯、苯乙烯共聚物）封边条具有坚韧、质硬、耐高温和耐腐蚀等综合性能。丰富的颜色、款式和亮眼的光泽度，满足了高档家具制造的需求。ABS封边条与PVC封边条相比，在加工制造时所需添加助剂少，且环保性好，但脆性强，弯曲后易折断，如图2-17所示。

③PP封边条。PP（聚丙烯）是通用塑料中最轻的一种，它具有优良的抗化学腐蚀性能、防潮性能和耐热性能，属于环保材料。但由于其挤压困难，黏结、印刷性能不良，成本较高等特点，因此，未能被作为广泛的封边材料使用，如图2-18所示。

④PMMA封边条。PMMA（聚甲基丙烯酸甲酯）俗称有机玻璃或压克力。当透过晶莹剔透的丙烯酸基材看到位于底部的装饰印刷层时，可产生深邃的三维视觉效果，因此又被称为3D封边条。作为新一代的封边产品，PMMA封边条不但拥有光滑的表面，同

图2-16　PVC封边条

图2-17　ABS封边条

图 2-18 PP 封边条

图 2-19 PMMA 封边条

时还能使底部的装饰层免受磨损和划伤，如图 2-19 所示。

（3）按表面加工状况分类

①表面印刷封边条。塑料封边条的表面印刷是对塑料的二次加工，其目的是赋予表面美观性，增加表面硬度和耐划伤性，同时，还可将塑料成型时产生的表面伤迹、流痕、变色等不良现象隐藏起来，从而提高产品的使用价值，如图 2-20 所示。

表面印刷封边条一方面可根据产品的设计和客户的需求进行面层换色或多色印刷处理，另一方面可提供木纹、石纹等表面装饰纹理以及各种现代、经典风格的图案，为家具生产商提供了无限的设计可能。此外，通过印刷工序可使塑料封边条表面产生不同的光泽效果，如高亮光、亮光、普通光和亚光。高精度的印刷技术使得塑料封边条表面纹理达到逼真效果的同时，通过与板材生产商之间的配合，使封边条与面板纹理和色泽融为一体。

②表面压纹封边条。封边条表面压纹处理是继印刷处理后又一亮点，如图 2-21 所示。各种高质量的表面压纹不但增强了塑料封边条在视觉上的立体感，同时，具有企业 LOGO 纹样的封边条，更为生产独有性的家具产品提供了有力保障。

图 2-20 表面印刷封边条

图 2-21 表面压纹封边条

根据生产工艺的不同，塑料封边条表面压纹可分为挤出压纹、印刷前压纹和印刷后压纹三种形式。挤出压纹是指封边条在挤出成型时表面经过压纹处理，使其表面呈现雾面、麻面等视觉效果。如在上述操作后再进行印刷处理，此时的压纹形式被称为印刷前压纹。由于经过压纹处理的封边条表面具有一定的粗糙度，因此，该封边条极易导致印刷时产生漏印现象。印刷后压纹顾名思义就是在封边条表面完成印刷工序后再进行的压纹处理。该封边条立体感十足，压纹清晰明显，缺陷是摩擦色牢度差，这是因为印刷后压纹破坏了封边条表面的保护光油，底漆暴露所致。

③表面异形封边条。封边条作为家具板件端面的保护材料，常常会受到来自外界的碰撞或摩擦。久而久之，封边质量下降，导致封边条从板件基材上剥离脱落。表面异形封边条作为具有特殊功能的新型封边产品，可以较好地解决上述问题。它是通过改变挤出机机头的形状，在封边条表面形成一条密封空管，如图 2–22 所示，而密封空管能有效削减外界的撞击力，降低了对封边条胶合效果带来的影响。

（4）按表面图案纹分类

塑料封边条根据表面图案纹加工情况分为无图案纹封边条和有图案纹封边条。其中，无图案纹封边条又被称为素色封边条，是指封边条直接挤出成型或经过印刷处理后表面呈同一颜色的封边条。该材料色彩鲜明，种类繁多，受到许多消费者的青睐。

与此同时，为了降低成本，并且能媲美具有原木效果的木纹封边条，带有图案纹的塑料封边条，以其清晰的图案纹、多样的条纹层次，成功地取得了家具生产企业的垂青。目前在我国，塑料封边条图案纹分木纹和其他花纹两大类。其中，木纹主要包括枫木纹、榉木纹、樱桃木纹、橡木纹、胡桃木纹等，其他花纹则可以制造出石头纹、花纹、皮纹、瓷纹、布纹、人造木纹等效果，如图 2–23 和图 2–24 所示。

图 2–22　表面异形的封边材料

图 2–23　仿石材封边条

图 2-24　布纹封边条

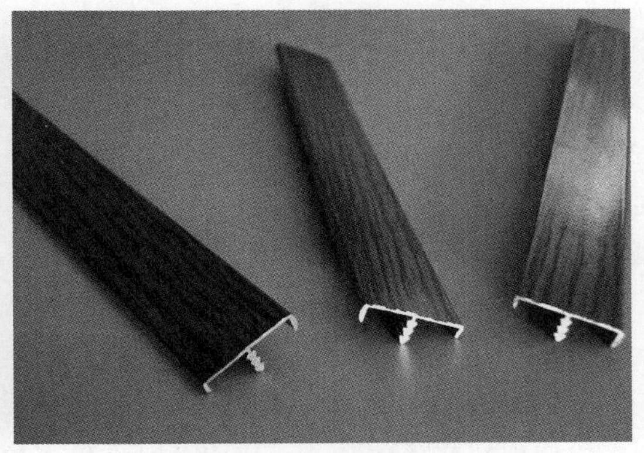

图 2-25　铝合金封边条

2.2.2.4　金属封边条特点

最常用的金属封边条是铝合金封边条，一般用在特殊环境下使用的家具，如厨房用具、餐具、电子计算机房、实验室，还包括一些高档家具的门柜，这些对家具质量都有较高的要求。铝合金封边条的剖面成 T 形，在门板边上开相应大小的槽把，T 字部分深深地嵌入槽内，无须涂胶，更加环保，如图 2-25 所示。

2.2.3　封边胶黏剂

板式定制家具封边所使用的胶黏剂主要是指热熔胶。热熔胶在室温下为固体状态，使用时必须加热熔化，直接涂布。

封边胶的类型主要有乙烯醋酸乙烯聚合物（Ethylene vinyl acetate copolymer，EVA）、聚丙烯（Polypropylene，PP）、聚烯烃（Polyolefin，PO/APAO）、聚氨酯（Polyurethane，PUR），这几种类型的封边胶对比见表 2-2。乙烯醋酸乙烯（EVA）为使用最多的热熔胶产品的主要组成部分，其他部分可以是树脂、添料和其他添加剂。

表 2-2　不同类型封边胶的对比

聚合物基材	EVA	PP	PO	PUR
黏合强度	好	好	好	极好
耐热性 /℃	≤ 80	≤ 115	135 ~ 140	> 150
耐水性	好	较好	好	极好

续表

聚合物基材	EVA	PP	PO	PUR
抗溶剂性	好	较好	好	极好
成本	低	中等	低	高

目前，市场使用的常见热熔胶主要是EVA热熔胶和PUR热熔胶。PUR为湿气固化反应型聚氨酯热熔胶，主要成分是端异氰酸酯聚氨酯预聚体。PUR的黏结性和韧性（弹性）可调节，并有着优异的黏结强度、耐温性、耐化学腐蚀性和耐老化性，已成为胶黏剂产业的重要品种之一。

EVA热熔胶是一种不需溶剂、不含水分、100%的固体可熔性的聚合物，常温下为固体，加热熔融到一定程度变为能流动且有一定黏性的液体胶黏剂，其熔融后为浅棕色半透明体或本白色。

PUR是聚氨酯类，EVA是乙烯醋酸乙烯类。PUR的反应机理是湿气固化，属于不可逆反应，这种不可逆的反应可以提供更好的强度和耐热性能。EVA是物理黏结，加热后会重新熔融，是可逆的。PUR热熔胶的包装是密封的，施胶需要可密封的专业设备；EVA则不需要。

PUR热熔胶与EVA热熔胶，水性、溶剂型胶黏剂相比，具有如下优点：

①无溶剂，不像溶剂型胶黏剂那样需有干燥过程，没有因溶剂存在的环境污染和中毒问题，满足环保要求。黏结工艺简便，可采用滚筒涂敷或喷涂等施胶方法。

②操作性良好，在短时间内即可将两个被黏体固定，故可快速将装配件转入下道加工工序，提高工效。耐热、耐寒、耐水蒸气、耐化学品和耐溶剂性能优良。与原热熔胶黏剂相比，由于反应型热熔胶黏剂的交联结构使所列性能以及黏结强度大幅度提高。

（1）热熔胶黏合的形成原理

热熔胶通过四个步骤形成黏合，如图2–26所示。

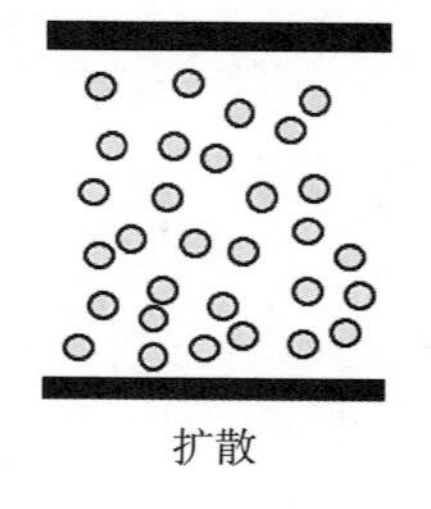

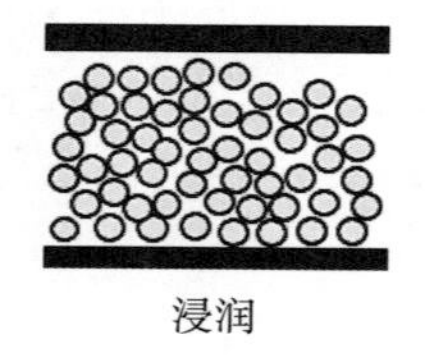

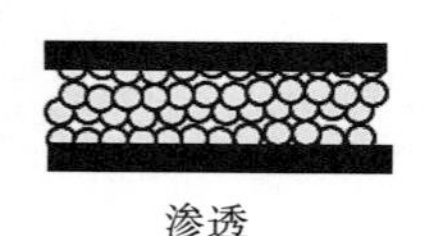

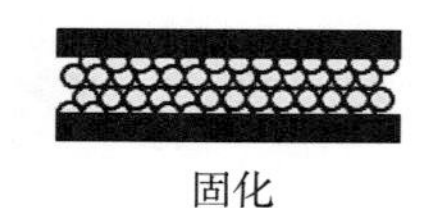

图2–26　热熔胶黏合的形成

①扩散。黏结的基材之间应该有充足的胶黏剂，热熔胶熔融向基材扩散。

②浸润。表现为热熔胶流动的能力，能够均匀铺展在基材表面。

③渗透。热熔胶渗入基材内部，分子间开始黏结。

④固化。热散失，胶固化形成黏结。

（2）热熔胶的特性

热熔胶的一些主要特性会影响封边黏合工序，具体表现如下。

①黏度值。热熔胶的黏度决定其稀稠度及流动性能，黏度值也会随着温度不同而改变。改变使用温度将会改变热熔胶的胶黏度，这将影响热熔胶的湿度和使用特性。黏度值的单位是 mPa · s（毫帕斯卡 · 秒）。

数值高 = 黏度高 = 较稠

数值低 = 黏度低 = 较稀

②软化点。软化点是热熔胶的一个物理度，表示为环球值。这一结果显示热熔胶的热塑性，软化点以摄氏度度量，由此可看出热熔胶的相对耐热性。

热熔胶的软化点在 70 ~ 130℃，比较软的热熔胶具有长的开口陈放时间及高黏性，这类热熔胶通常软化点比较低。

表 2–3 所示为不同黏度值、软化点、涂胶量和设备的进给速度下，封边的特性表现。

表 2–3　不同参数值下的封边特性

软化点 / ℃	熔胶罐温度 /℃	胶辊温度 /℃	黏度 /（mPa · s）	建议涂胶量 /（g/m^2）	封边进给速度 /（m/min）	封边应用范围	特性	外观颜色
105	180 ~ 190	180 ~ 190	90000	刨花板：250 ~ 300 中纤板：200 ~ 250	自动机械进给速度从 10 起	实木、薄木、三聚氰胺、聚酯、HPL、PVC、ABS、PP 等	1. 黏度低； 2. 适用低机械速度； 3. 润湿性好； 4. 工作清洁、良好的附着性能； 5. 最终黏合强度高	自然色
105	185 ~ 205	180 ~ 200	65000	刨花板：250 ~ 300 中纤板：200 ~ 250	10 ~ 30 适用于各种类型的自动封边机，尤其适用于高速自动封边机	为各类板材封边黏合而设计的热熔胶	1. 初黏力和黏结强度高； 2. 流动性好，不拉丝； 3. 热稳定性和操作性能好； 4. 具有良好的耐溶剂性能	白色圆颗粒

续表

软化点 / ℃	熔胶罐温度 /℃	胶辊温度 /℃	黏度 /（mPa·s）	建议涂胶量 /（g/m²）	封边进给速度 /（m/min）	封边应用范围	特性	外观颜色
102	185 ~ 205	180 ~ 200	85000	刨花板：250 ~ 300 中纤板：200 ~ 250	10 ~ 30 适用于各种类型的自动封边机，尤其适用于高速自动封边机	为各类板材封边黏合而设计的热熔胶	1. 初黏力和黏结强度高；2. 流动性好，不拉丝；3. 热稳定性和操作性能好；4. 具有良好的耐溶剂性能	黄色圆颗粒
102	185 ~ 205	180 ~ 200	85000	刨花板：250 ~ 300 中纤板：200 ~ 250	10 ~ 30 适用于各种类型的自动封边机，尤其适用于高速自动封边机	为各类板材封边黏合而设计的热熔胶	1. 初黏力和黏结强度高；2. 流动性好，不拉丝；3. 热稳定性和操作性能好；4. 具有良好的耐溶剂性能	咖啡色圆颗粒
83	145 ~ 165	140 ~ 160	11500	刨花板：250 ~ 300 中纤板：200 ~ 250	8 ~ 20 适用于各种手动封边机	为各类板材封边黏合而设计的热熔胶	1. 初黏力和黏结强度高；2. 流动性好，不拉丝；3. 热稳定性和操作性能好	灰白色圆颗粒
83	145 ~ 165	140 ~ 160	18000	刨花板：250 ~ 300 中纤板：200 ~ 250	8 ~ 20 适用于各种手动封边机	为各类板材封边黏合而设计的热熔胶	1. 初黏力和黏结强度高；2. 流动性好，不拉丝；3. 热稳定性和操作性能好	白色圆颗粒
110	165 ~ 185	160 ~ 180	20000	刨花板：250 ~ 300 中纤板：200 ~ 250	8 ~ 20 适用于各种手动、自动封边机	为各类板材封边黏合而设计的热熔胶	1. 初黏力和黏结强度高；2. 流动性好，不拉丝；3. 热稳定性和操作性能好；4. 具有良好的耐溶剂性能	黄色圆颗粒
100 ± 3	180 ~ 200	190 ~ 210	80000 ± 10000	刨花板：180 ~ 215 中纤板：215 ~ 250	10 ~ 30 适用于各种类型的自动封边机，尤其适用于高速自动封边机	为各类板材封边黏合而设计的热熔胶	1. 中低黏度；2. 胶合强度高；3. 耐热性良好	白色
100 ± 3	180 ~ 200	190 ~ 210	65000 ± 10000	刨花板：180 ~ 215 中纤板：215 ~ 250	10 ~ 30 适用于各种类型的自动封边机，尤其适用于高速自动封边机	为各类板材封边黏合而设计的热熔胶	1. 中低黏度；2. 胶合强度高；3. 耐热性良好	黄色

③开口陈放时间。开口陈放时间是一个重要的特征，热熔胶涂布在一界面上，然后将另一接口在压力下紧密接触以上涂胶接口，这个过程时间最长，而且还能得到足够的

结合力。根据封边设备的需要，一般封边热熔胶的开口陈放时间非常短。可按以下方法区分：较短开口陈放时间低于 1s；中等开口陈放时间 1 ~ 3s；较长开口陈放时间 2 ~ 5s。增加胶黏剂涂布量对开口陈放时间有较大影响。

④热稳定性。热稳定性是指热熔胶在高温下放置一段时间后，其物理及化学性质的改变，其改变主要表现在碳化程度、结皮程度、分层程度、凝胶化程度和其老化后稀稠度变化。热熔胶的热稳定性是重要的特性。

热熔胶的热老化对于封边的影响见表 2–4。

表 2–4　热老化对封边工序的影响

序号	热老化表现	影响结果
1	稀稠度变化（变大或变小）	涂布不均
2	结皮	堵塞喷嘴
3	碳化	堵塞喷嘴，影响胶缸传热
4	分层	热熔胶性能不均匀
5	凝胶或结块	热熔胶物理化学性能有质的变化，不可用

在热熔胶的实际运用中，冬天由于气温较低，为保证胶合强度，胶的温度应稍高一点。若过高，超过 190℃，胶过稀，胶层变薄，等涂到板的端面时已降温，加上封边条温度也低，造成封边强度明显下降。若温度降至 170℃，胶是稠了一点，但封边条的温度更低了，胶合强度也不够。温度再低，胶就不能很好熔化。在生产中，这个矛盾十分突出，也很难解决。再加上胶本身的胶合质量以及与基材和封边条三者之间互相的适应性和亲和力的情况，都影响封边质量。

本章小结

本章主要说明在进行封边工作之前，封边技术所需要的技术条件，包括封边技术的构成和满足封边技术条件的材料。封边技术中的材料包括封边板件基材材料、封边带材料和封边使用的胶黏剂材料等。

3 板式定制家具封边工序的质量控制

3.1－3.2－3.3－3.4

板式定制家具封边工序是生产板式家具的重要工序，其质量好坏会直接影响消费者使用和产品寿命，也将影响企业经营情况和市场竞争力，因此，不容忽视，可以说封边质量是企业的生命线。本章从四个方面重点阐述质量控制内容。

3.1 封边工序的类型与特点

要想控制封边工序质量问题，首先要了解封边工序类型和特点，才能有的放矢，针对不同类型封边工序采取不同质量标准和控制手段。本节将从两个方面对该问题进行阐述：一是封边工序概述，二是封边工序类型和特点。

3.1.1 封边工序概述

在板式定制家具的生产制造中有三大生产工序，分别是开料工序、封边工序和钻孔铣型工序，这三大工序构成了整个板式定制家具的生产系统。在这个生产系统中，封边工序是极其重要的环节，封边不仅要具有边部的保护、防水、封闭有害气体的释放和减少变形等实用功能，还要起到美化家具、提升人的愉悦感和满足审美的作用。

封边工序是指为完成对板式零部件边部进行有效处理方法而形成的一段加工过程，而这段过程主要是指使用封边材料，通过胶黏剂对板式零部件的边部进行黏合的过程。在这个过程中，封边材料需要经过预热、涂胶、加压胶合、修剪、清洁和抛光等，不同品牌、不同型号的封边机，其封边工序会有不同，但全自动直线封边机的涂胶、前后齐头、上下精修边、上下刮边和抛光是最基本的工序，如图 3-1 所示为先达数控机械有限

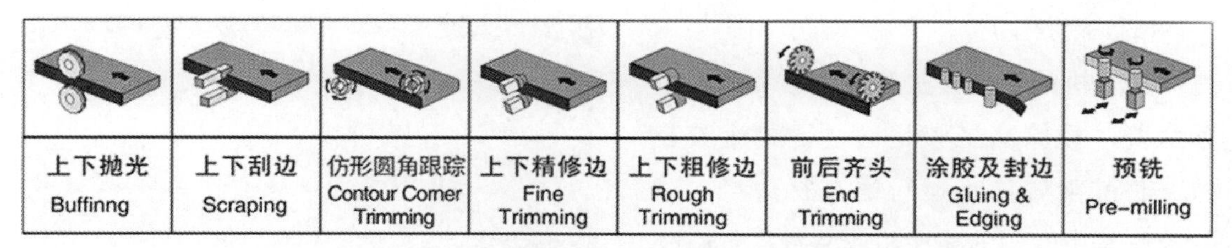

图 3-1　SE-108B 重型全自动封边机封边工序

公司旗下 SE-108B 重型全自动封边机的封边工序。

3.1.2　封边工序的类型及特点

不同类型的封边工序，其主要的边部处理过程大同小异，不同在于板件的形状，在进行封边工序处理时表现出不同的封边处理过程。板式定制家具在实际的设计生产中会产生不同类型的板件形状，有直线形、曲线形和板件边部造型等不同板件形状，根据不同的板件形状，封边工序有稍许不同，典型的封边工序具体表现如下。

直线形板件封边工序是板式家具最常见也是最频繁的封边工序。直线形板件的封边工序主要使用的封边设备有直线封边机和直曲线封边机，以自动直线封边机为例，介绍直线形板件封边工序表现。

（1）预铣工序

预铣工序是为了锣铣掉因开料时出现的崩边位置，使板件在进行封边时的平面保持平整。如图 3-2 所示为基材预铣刀，两把铣刀调整到同一直线，确保切削量一致。

（2）预热加温工序

预热加温工序的目的在于当气温过低时给板件加温，增加板件与胶黏剂的亲和力，冬季温度低于 15℃时建议开启。如图 3-3 所示为预热加温部件，基材预热加温后涂胶对比如图 3-4 所示。

图 3-2　预铣刀

图 3-3　预热加温部件

（3）涂胶工序

封边机的施胶方法有辊涂法和喷涂法两大类。辊涂法施胶是通过辊式涂胶装置，将胶液辊涂在运行的基材边缘。喷涂施胶是由专门的喷涂施胶装置进行施胶的，施胶时，热熔胶液在压力作用下将热熔胶液喷到运行的基材边缘，喷出的胶液宽度可调。现在一般的封边机上采用的是辊涂法施胶。这个工序是把热熔胶均匀涂布在板件的端面，是封边中一个很重要的工序，涂胶的质量将直接影响板件封边的质量。

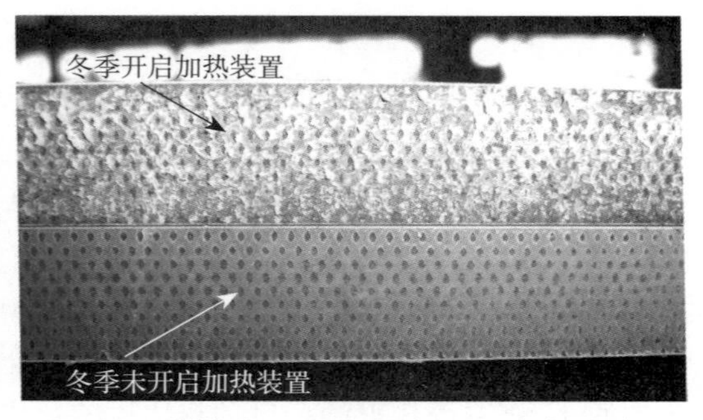

图 3-4　基材是否开启预热加温的涂胶对比

涂胶装置一般由胶箱、加热器和涂胶辊组成，如图 3-5 所示。加热器将胶箱中颗粒状热熔胶加热至熔融状，涂胶辊再把热熔胶涂布在工件边部或封边条上。通过调整涂胶辊的靠山与板件的间隙，可控制胶层厚度。

图 3-5　涂胶工序的涂胶辊

（4）压带工序

压带工序通过压辊单元使封边条与工件达到胶合的状态。其工作原理主要是把工件涂胶的边缘和封边条压紧胶合，包括大压辊、小压辊。大压辊除了压合作用外，还有导向作用，即将封边条导向需封边的基材。一般的直线封边机有一个大压辊，三个小压辊，大压辊位于首位，起导向作用，将封边条引向板件侧边，三个小压辊将封边条向板边压紧，压力为 0.3 ~ 0.5MPa。压带示意图如图 3-6 所示。

（5）齐头工序

齐头工序包括前后齐头，装有由高频点击带动截头锯片，并设有同步跟踪装置，可使截头锯片和工件在纵向保持相同的运动速度，以保持正确地截去工件两端多余的封边材料。齐头截断示意图如图 3-7 所示。

（6）修边工序

修边工序包括粗修和精修，通过修边刀修剪板件上下多余的封边带，通常封边条在胶贴之后，比工件表面高出 1.5 ~ 2mm，需要通过刀具修成与工件表面一致。上下粗修铣刀依靠滚轮靠贴在工件表面，对封边条进行预切削；经粗修之后的封边条高出量仍有 0.5mm，再经上下精修之后至封边条高出量约 0.1mm；有的封边机该工序只选择精修。

上下修边示意图如图 3–8 所示。

（7）倒角跟踪工序

倒角跟踪工序是通过刀具对板件四端角的封边带进行倒角处理。该工序是可选工序。倒角示意图如图 3–9 所示。

（8）刮边工序

刮边工序是通过刮刀单元把封边带刮修成圆弧状、斜边状。刮边示意图如图 3–10 所示。

（9）抛光工序

抛光工序主要是对封好边的板件进行清洁处理，如图 3–11 所示。

图 3–6　压带示意图

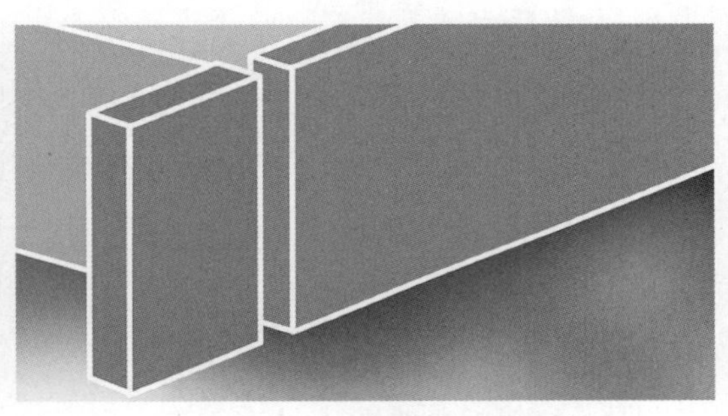

图 3–7　齐头截断示意图

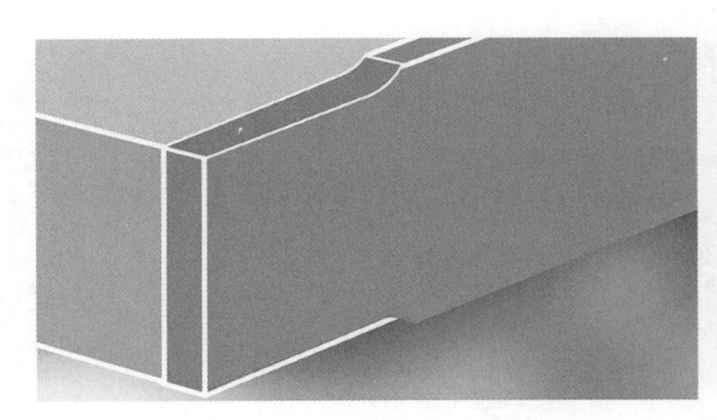

图 3–8　上下修边示意图

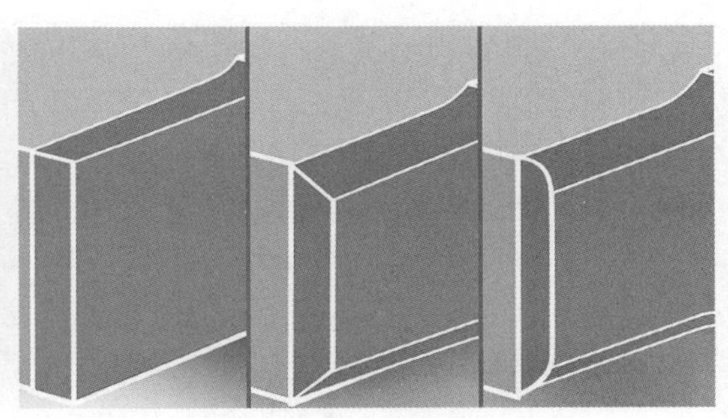

图 3–9　倒角示意图

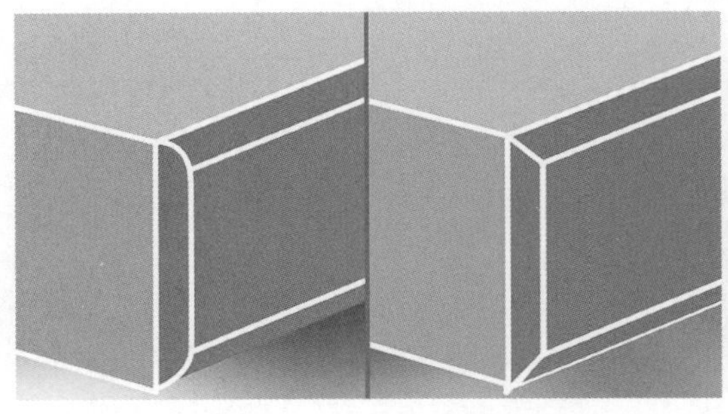

图 3–10　刮边示意图

图 3–11　抛光示意图

3.2 封边工序的技术标准

封边工序的技术标准是围绕封边工序展开和关联的所有活动的工作规范和评价依据，是该项生产活动的核心要素。有标准才有被评价的依据；有标准才能评价和判断质量的优劣；有高标准，才有高质量。本节从封边材料的技术标准、封边材料的检验标准、封边工艺技术要求和封边工艺的品质标准四个方面对封边工序的技术标准进行详细的阐述。

3.2.1 封边材料的技术标准

封边材料是直接影响封边质量的重要因素，封边材料的技术标准包括外观要求、规格尺寸要求和理化性能。根据行业标准《家具用封边条技术要求》（QB/T 4463—2013）中规定，主要表现如下。

3.2.1.1 封边材料的外观要求

封边材料的外观要求见表 3–1。

表 3–1 封边材料外观技术要求

序号	项目	要求	项目分类	
			基本项目	一般项目
1	塑料封边条	应无皱纹、裂纹、折痕、暗条痕、染色线、刀线、油渍、污点、黑斑、黏胶和杂质，无明显的起泡、针孔、划痕、波纹等瑕疵	√	
2		表面应光滑，花纹应清晰、均匀，无漏印；压纹（压花）表面应有统一的花式，且压纹应清晰、均匀	√	
3		颜色可由供需双方协商确定，但色泽应均匀，无明显色差	√	
4		背胶处理应均匀		√
5		边缘应光滑平直，无缺陷		√
6	三聚氰胺封边条	表面无干花、湿花		√
7		表面应无污斑、黑斑、染色线		√
8		表面应无刀线、划痕、压痕	√	
9		表面应无针孔、鼓泡、龟裂	√	

续表

序号	项目	要求	项目分类	
			基本项目	一般项目
10	三聚氰胺封边条	表面应光滑，花纹应清晰、均匀，色泽应均匀，无明显色差	√	
11		应无崩边、分层、边缘缺损	√	

产品检验后，单卷（条）产品的基本项目均合格，且一般项目不合格项不大于 3 项，则该卷（条）产品为合格品，否则为不合格品。

3.2.1.2 规格尺寸及其偏差和形状公差

规格尺寸及其偏差和形状公差见表 3–2。

表 3–2 封边材料的规格尺寸及其偏差和形状公差要求

序号	项目	要求			项目分类	
					基本项目	一般项目
1	长度（L）及其偏差	长度（L）由供需双方协商确定，允许偏差不应大于长度（L）的 2.0%				√
2	厚度（H）及其偏差	$H \leqslant 0.5$		± 0.05		√
3		$0.5<H \leqslant 1.0$		± 0.10		√
4		$1.0<H \leqslant 2.0$		± 0.15		√
5		$2.0<H \leqslant 3.0$		± 0.20		√
6		$3.0<H \leqslant 4.0$		± 0.25		√
7	宽度（B）及其偏差	$B \leqslant 20$		[–0.20，+0.50]		√
8		$20<B \leqslant 50$		[–0.20，+0.80]		√
9		$50<B$		[–0.20，+1.00]		√
10		边缘直线度（长度方向边缘凹形度）		≤ 5.00		√
11	形状公差	截面翘曲度（宽度方向凹翘度）	厚度≤ 1.0mm	≤宽度（B）的 1.5%	√	
12			厚度 >1.0mm	≤宽度（B）的 1.0%	√	

注：1. 平板封边条的常用厚度为：0.4mm、0.6mm、1.0mm、2.0mm、3.0mm；
2. 压纹、异形封边条及其偏差由供需双方协商确定；
3. 异形封边条的宽度及其偏差、形状公差由供需双方协商确定。

产品检验后，单卷（条）产品的基本项目均合格，且一般项目不合格项不大于3项，则该卷（条）产品为合格品，否则为不合格品。

3.2.1.3 封边材料的理化性能

封边材料的理化性能要求见表3–3所示，如有特殊要求由供需双方协商确定。

表3–3 封边材料的理化性能要求

序号	项目		单位	要求
1	塑料封边条	耐干热性	—	应无龟裂、无鼓泡
2		耐磨性	r	磨30r后应无露底现象
3		耐开裂性（耐龟裂）	级	≥2级（有不规则横向细微开裂）
4		耐老化性	—	应无开裂
5		耐冷热循环性	—	应无龟裂、无鼓泡、无色变、无起皱
6		耐光色牢度	级	≥4级
7	三聚氰胺封边条	耐干热性	—	应无龟裂、无鼓泡
8		耐磨性	r	磨30r后应无露底现象
9		耐开裂性（耐龟裂）	级	≥2级（有不规则横向细微开裂）
10		耐老化性	—	应无开裂
11		耐冷热循环性	—	应无龟裂、无鼓泡、无色变、无起皱
12		耐光色牢度	级	≥4级

3.2.2 封边材料的检验标准

行业标准《家具用封边技术要求》（QB/T 4463—2013）中对家具封边材料的检验方法和检验标准有以下规定。

3.2.2.1 外观检验标准

封边材料的外观通过目测进行检验，检验时应在自然光下或光照度为300～600lx的近似自然光（例如400W日光灯）下，视距700～1000mm。存在争议时，由3人共同检验，以多数相同结论为检验结果。

检验台高度应为700mm左右。检验场所的自然光不应影响检验人员的视力，不应使用放大镜。

3.2.2.2　规格尺寸及其偏差和形状公差

（1）检验工具

检验工具有：千分尺，精度 0.01mm；游标卡尺，精度 0.02mm；钢卷尺，精度 1mm；细钢尺，长度 3m 以上；钢直尺，量程 0～1000mm，分度值 0.5mm。

（2）长度及其偏差检测方法

用卷尺平行于封边条长度方向测量，精度至 1mm，快速测量可采用测量每卷直径后换算测得。

（3）宽度及其偏差检测方法

距封边条端头 500mm 及封边条长度中部共三处，用游标卡尺测定宽度值，并以三个测量值中最大偏差作为试件的实际偏差，精度至 0.01mm。

（4）厚度及其偏差检测方法

距封边条端头 500mm 及封边条长度中部共三处，用千分尺测定其厚度值，并以三个测量值中最大偏差作为试件的实际偏差，精度至 0.01mm。

（5）侧向弯曲度检测方法

侧向弯曲度是指封边带沿长度方向出现向一侧弯曲的内圆弧最高点到该单位弦长的垂直距离。检测方法：把封边条自然平放在水平试验台面上，用钢丝沿长度方向紧靠封边条边缘两端，用游标卡尺测量封边条边缘与钢丝之间的最大距离 S_{max}，精度至 0.01mm，测量位置为任意部位，如图 3–12 所示。

（6）截面凸曲度检测方法

截面凸曲度是指封边带截面圆弧的最高点到弦长的垂直距离与封边带宽度比值的百分比。检测方法：在每卷的两端分别垂直于长边测量一个厚度 h_1，再在最薄的部位平行于长边测量一个厚度 h_2，封边条最大拱高 $c=h_1-h_2$，精度至 0.01mm；最大拱高即为截面凸曲度 h_w，如图 3–13 所示。

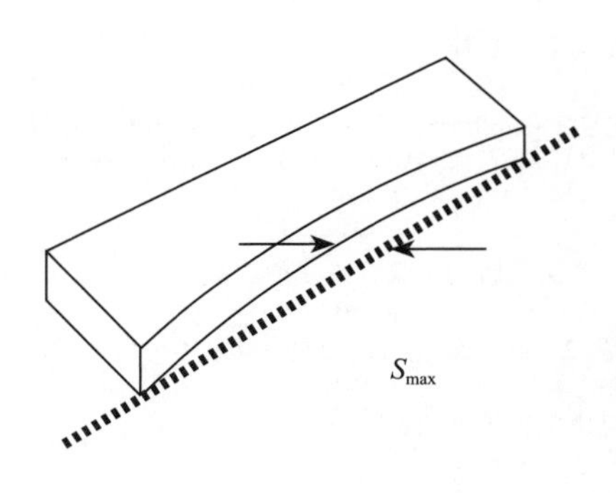

图 3–12　侧向弯曲检验方法示意图

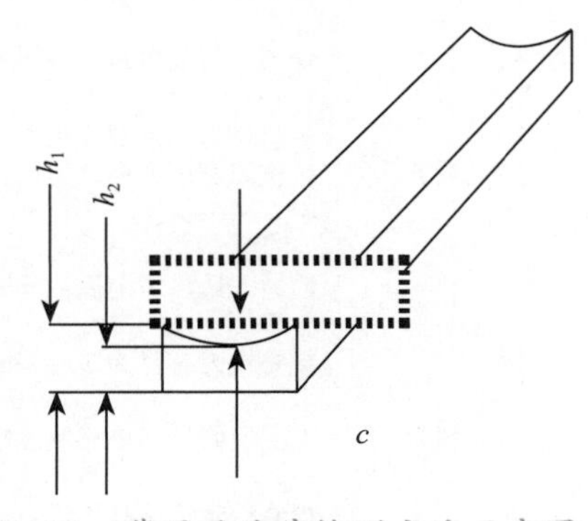

图 3–13　截面凸曲度检测方法示意图

3.2.3 封边工艺技术要求

根据封边工序的类型及特点，对每一个工序的工艺技术要求见表 3–4。

表 3–4 封边工艺技术要求

序号	工序	技术要求
1	预铣	铣刀应保持清洁和锋利，开机前需检查铣刀是否锋利以及是否有污染物黏附
		预分离剂喷雾装置应工作正常，分离剂应用小容量塑料桶进行分装，随用随取，避免浪费
		使用预铣装置时，工件外悬量调至 30mm，以工件一半为中心线，调节数码表数字至工件厚度的一半，调整两把铣刀水平方向位置，使其加工时在一条直线上
2	涂胶	封边机设备使用过程中，胶盒应保持关闭状态
		换新胶料前应将上一次胶盒中的余胶清除干净
		添加胶料时，当胶料少于胶盒总容量的 1/5 时，就需要添加胶料至 4/5
		热熔胶预热后达到 180 ~ 200℃后，才可进行涂胶工序；曲线封边机热熔胶达到 150 ~ 180℃后，直线封边机涂胶达到 180 ~ 210℃时，进行封边涂胶工序
		调整涂胶辊，使涂胶量达到适度。根据板材材质进行调节，如中纤板 150 ~ 180g/m^2，刨花板或多层夹板 180 ~ 210g/m^2，施胶量应控制在 150 ~ 250g/m^2
		加工封边工件，查看封边后涂胶线的效果，依据涂胶线对涂胶量进行进一步的调节（胶线粗适量调小胶量，有掉边或脱边适量调大胶量）
		保持胶盒的清洁，有溢胶现象应及时清理，工人每次换班前应检查胶盒是否有过量的余胶；胶盒四周是否有很厚已经固化的胶层，如有则必须清洁干净（一般一个月彻底清洁一次胶盒），保证胶的纯度和很好地加热熔化
3	贴边	应用四马达跟踪装置，根据不同封边条厚度调整好刀和靠模的合理位置，调节数码表至封边带厚度
		送料轮应通过调整杆调节至合适位置，保证工件能够在封边过程中被压紧不致偏移，也不能压得过紧损伤工件表面；一般以压轮下表面低于工件上表面 2 ~ 3mm 为宜
		压轮分上轮、中轮和下轮，压力根据工件厚度和封边带厚度适当调整
4	前后齐头	切刀应每天进行检查，有崩缺、磨损等缺陷应立即更换
		齐边铣刀切削圆应为 100 ~ 125mm，切削宽度 30 ~ 60mm，刀具孔径间距 30mm（双键槽）。在铣刀宽度方向，刀齿按上、中、下配置。上、下刀齿与铣刀轴线有 15° ~ 20° 倾斜角，倾斜方向相反
		前后齐边注意前后裁面，切锯刀做梯形齿，确保前后切平整且不伤前后裁面
5	粗修	粗修铣刀直径为 70 ± 1mm，孔径为 16mm 和 20mm，带键槽，齿数为 4 和 6
		上下粗修铣刀依靠滚轮贴在工件表面，对封边条进行预切削
		粗修后封边条高出量应≤ 0.5mm

续表

序号	工序	技术要求
6	精修（刮边）	圆弧刮刀装置，调节上垂直仿形轮至工件上表面，然后仿形量调至 0.5～0.7mm，同理，下垂直仿形量调至 0.3mm，调节水平仿形轮数码表至封边带厚度
		平铲刀装置，调节上靠模至工件表面，然后靠模仿形量调至 0.5～0.7mm，同理，下垂直靠模仿形量调至 0.3mm，以不刮伤板材表面为好
		精修铣刀直径为 56±1mm 和 78±1mm，孔径为 16mm，带键槽，齿数为 4 和 6
		精修后封边条高出量应≤ 0.1mm，最后经圆弧刮刀或平铲刀刮平
7	抛光	抛光轮上表面应高于工件下表面 3～5mm；抛光轮下表面应低于工件上表面 3～5mm；抛光轮往外调斜 10°～30°
		抛光轮应定期更换，视设备使用情况，至少每封边 10000m 之后应更换一次

3.2.4 封边工艺的品质标准

封边工艺的品质标准是企业的重要技术文件，见表 3-5。

表 3-5 封边工艺的品质标准

发文单位	工艺技术部	
类 型		文件编号：
标 题	封边产品品质标准	版 本：
		生效日期：

一、目的

通过产品工艺品质规范标准，使检验员、制造生产员可以清晰分辨不良产品。提升检验人员的工作效率。

二、封边工艺

1. 封边带规格

（1）封边带的厚度有 0.6mm 和 1.2mm；
（2）封边带的宽度有 22mm、29mm、40mm、54mm 四种规格。

2. 封边带的材质有 PVC、ABS 两种不同的材质

（1）厚度 0.6mm 封边带的材质是 PVC；
（2）厚度 1.2mm 封边带的材质是 ABS。

3. 封边加工规则

（1）标准加工方式的板件区分见光正面与背面，正面封 1.2mm 厚边，背面封 0.6mm 薄边；
（2）加工薄、厚边封边带的信息代码是：1 代表 0.6mm 薄边，2 代表 1.2mm 厚边。如：加工板件的封边信息是 2111 的代码，加工方式是三薄一厚封边；
（3）需要四周封边的板件封边顺序为先封宽度（垂直纹理）方向，后封长度（顺着纹理）方向边；
（4）加工二、三、四面封边厚边对角的板件，板角封边要圆角。如：封边代码是 2222、2121、2122，L 侧板、门板、台面板对角都要倒圆角；
（5）封边加工时薄边与厚边对角处无须倒圆角。

续表

三、热熔胶使用规范

1. 封边热熔胶的温度

（1）热熔胶区分高温热熔胶、低温热熔胶两种胶；
（2）高温热熔胶的熔点 180 ~ 210℃，适合直线封边机加工板件使用；
（3）低温热熔胶的熔点 140 ~ 160℃，适合曲线封边机加工板件使用。

2. 加工板件封边涂胶标准

（1）目测加工板件涂胶要均匀，板的裁切面有一层均匀薄胶；

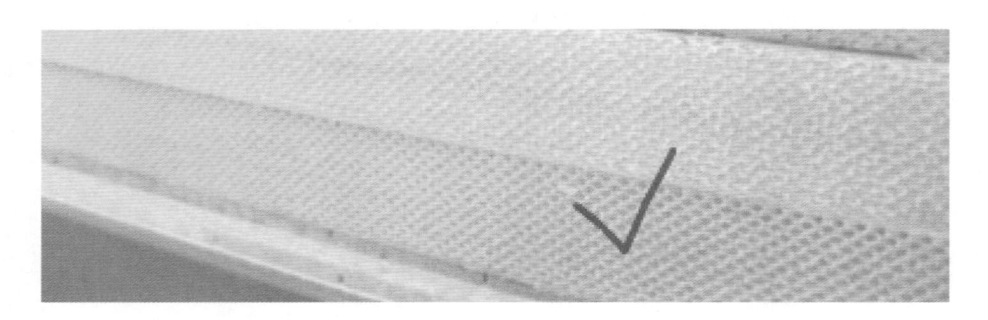

（2）实木颗粒板涂胶量的基准参数是 220 ~ 250g/m²，多层胶合板涂胶量的基准参数是 200 ~ 230g/m²。

3. 热熔胶颜色使用规范

（1）封边热熔胶区分白胶、黄胶两种颜色的胶粒；黄胶主要适用深色板件封边，白胶主要适用浅色板件封边；
（2）封边热熔胶白胶、黄胶适用板件花色。

四、封边产品工艺品质标准

封边加工的产品工艺品质标准从三个方面进行评价：板件饰面、封边带、板件封边性能。从这三个方面对应的产品工艺品质标准见表 3–6。

表 3–6　三种类型板件与材料的工艺品质标准

类型	标准图片	产品工艺品质标准	检验项目	不良图片	不良说明
板件饰面		1. 板件饰面无胶残留； 2. 板件饰面爆边、不可连续爆边，产品见光面爆边≤ 1mm、不见光面爆边≤ 2mm，可用修补腊修补，大于就是不合格； 3. 板件饰面崩角、产品见光面爆边≤ 1mm、不见光面爆边≤ 2mm，可用修补腊修补，大于就是不合格；	胶残留		胶量过大，板件饰面有胶残留
			爆边		连续爆边，不合格
			崩角		板件饰面崩角，不合格

续表

类型	标准图片	产品工艺品质标准	检验项目	不良图片	不良说明
板件饰面	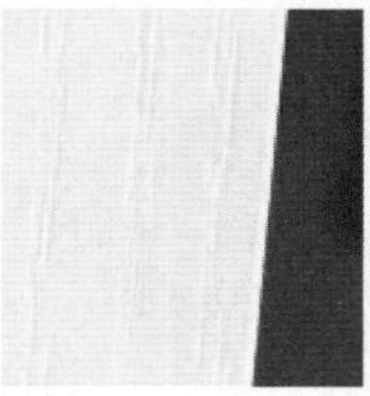	4. 板件见光饰面无刮伤、不见光面板件刮伤≤ 0.2mm，可用修补腊修补	刮板	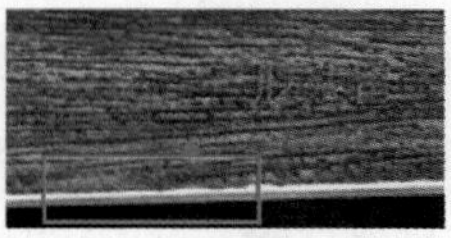	板件饰面刮伤
封边带		1. 加工后封边带表面无污染、胶痕杂质； 2. 封边带厚度是1.2mm，圆弧刮丝宽度在1.5～1.8mm，圆弧表面光滑，无牙痕、无凹凸不平； 3. 封边带倒角要光滑，呈圆弧形； 4. 封边带两端头断带要与板件裁截面平齐，公差 ±0.2mm的误差； 5. 封边带修边与加工板饰面平齐	齐头长	 齐头长	封边带两端头断带与板件裁截面不平齐
			倒角不圆滑	 尖角	封边带倒角不光滑，呈尖形，不合格
			污染	 污染	封边带表面有污染、胶痕杂质等，不合格
			牙痕凹凸不平	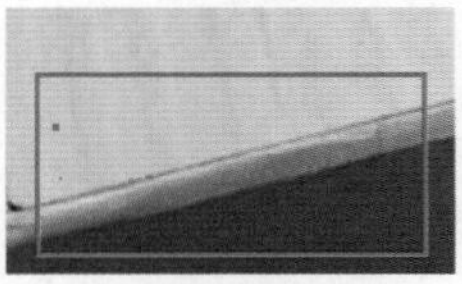	加工板件的封边带牙痕、凹凸不平，不合格
			齐头短		齐头短导致端头断带有缝隙，不合格
			跑封边带		封边时封边带与板件饰面不齐高

续表

类型	标准图片	产品工艺品质标准	检验项目	不良图片	不良说明
封边带		—	封边带不到位		加工板件时封边带不到位
板件封边性能		1. 加工板件与封边带之间的胶缝尺寸是0.08～0.15mm； 2. 封边带平均剥离力为49 N的标准； 3. 封边机压带轮压力24.5N的标准	胶线粗	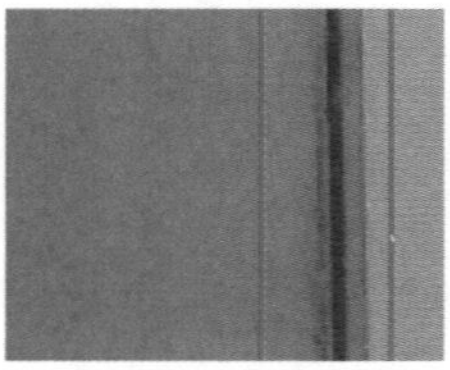	热熔胶量、温度都会影响胶线粗细，不合格
			溢胶		胶量过大，板件饰面有溢胶、胶残留，不合格
			封边针眼	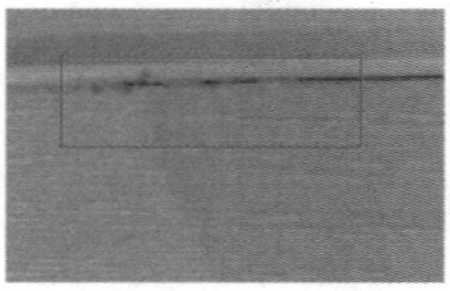	封边机压带轮压力太小，影响加工产品封边，有针眼
			脱落	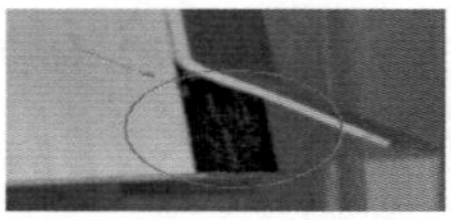	封边脱落于操作员靠板

3.3 封边工序的作业指导书

作业指导书是为了保证过程的质量和安全制定的一种针对对象的具体的作业活动程序。封边工序的作业指导书是为了保证封边过程的质量和安全的一种活动程序和标准化文件。封边工序的作业指导书见表3-7。

表 3-7 封边工序的作业指导书

加工部门	加工材料	产品/部件名	加工设备	设备图示	作业流程	注意事项
			封边机		开启设备→送料→喷分离剂→预铣→预热加温→涂胶→送带→压辊压带→前后齐头→上下修边→跟踪倒角→开槽→刮刀→喷清洁剂→铲刀→抛光	

序号	工序名称	作业图示	作业内容	设备加工参数	作业标准或图片	常见问题及解决办法
1	开启设备		设备安全检视（电压、气压）；辅助设备、辅料检视	电压 380 ~ 390V、气压 0.6 ~ 0.8MPa	设备安全检视无异常，辅助设备、辅料检视无异常	无
2	送料		把待加工的板件提前放到封边机前段工作台	豪迈 350 横向进给速度为 20m/min，竖向进给速度为 30m/min；YIMA 封边机进给速度为 20 ~ 30m/min；其他封边机进给速度为 18 ~ 25m/min； 履带高度为加工板材厚度		无
3	喷分离剂		板件上下表面喷涂分离剂，防止涂胶单元溢出的胶水弄脏板件表面	喷涂距板件边部 5 ~ 10mm	准备好分离剂，检查分离剂喷头是否畅通无堵塞； 在工件封边部位的上下表面喷涂分离剂，防止胶水弄脏板件（距边 5 ~ 10mm）	分离剂喷涂过多，导致封边出现针孔、无法涂布胶水的情况（减少分离剂涂布量）； 分离剂未正常使用，导致残胶过多（启用喷分离剂单元）

续表

序号	工序名称	作业图示	作业内容	设备加工参数	作业标准或图片	常见问题及解决办法
4	预铣		锣铣掉板材开料后出现的崩边位置； 加工首件时可通过大型的游标卡尺来检验设置预铣量是否与实际一致； 预铣共有两把刀，一把顺时针转，一把逆时针转	预铣量暂定	预铣作业完成后，板件不能出现崩边、掉角、大小头等情况	预铣刀不锋利、不垂直导致封边出现针孔的情况（及时更换、调整预铣刀，每2h清洁预铣刀表面灰尘）
5	预热加温	—	当气温过低时，给板件加温，增加板件与胶黏剂的亲和力	当气温在10～20℃时，开一个加温灯，功率为30%；当气温在10℃以下时，开2个加温灯，功率调为50%	增加板件与胶黏剂的亲和力	无
6	涂胶		根据订单花色要求，选择合适的EVA热熔胶，然后根据气候变化调整加温装置、熔化温度与涂胶温度	涂胶量：250～300g/m^2，胶辊温度180～190℃（环境温度≥20℃）、190～210℃（环境温度＜20℃）	涂胶均匀，结合紧密，无开胶、断胶、明显胶痕等现象； 确保涂胶辊与工件保持垂直； 胶水均匀地涂布在工件的截面	胶水涂布量过少，导致封边剥离力不合格（适当增加胶水涂布量）； 涂胶辊不垂直，导致封边出现针孔（调整涂胶辊的垂直度）； 残胶过多（减少胶水涂布量）； 涂胶辊残留木屑、杂质过多（清洁涂胶辊）
7	送带		将封边条通过气压或电机送到压带单元	无	送带杆不宜过高，送带轮完好无破损	送带轮破损，导致封边带短缺（更换送带轮）

续表

序号	工序名称	作业图示	作业内容	设备加工参数	作业标准或图片	常见问题及解决办法
8	压辊压带		工件涂胶后，通过压辊单元使封边条与工件达到胶合的状态	压轮压力 0.3 ~ 0.5MPa； 压轮要保持 1.0mm 的活动量	压轮要保持清洁	压辊压带没压好，出现封边带短缺（调整压带轮）； 压辊压力偏小，导致封边剥离力不合格（调整压辊压带的压力）； 压辊残留胶水不干净，导致封边出现针孔（清洁压辊）
9	前后齐头		截断工件前后两端多余的封边带	无	前后齐头带余量不能超过 0.2mm	前后齐头切刀没有调整好，导致前后齐头过长或过短（调整前后齐头单元切刀量）； 电机与板件不垂直，导致齐头封边带倾斜（需要联系机修部保养维修设备）
10	上下修边		修掉工件上下多余的封边带	修边余量 0.01 ~ 0.015mm，不能出现刮手的感觉	不能刮伤工件表面三胺纸	修边不良，导致板件残胶过多（调整修边单元）； 修边刀没调整好、修边刀磨损，导致修边不圆滑（调整修边单元或者更换修边刀）

续表

序号	工序名称	作业图示	作业内容	设备加工参数	作业标准或图片	常见问题及解决办法
11	跟踪倒角		抽面、门板、台面四端角需要倒 R2mm 角	倒角规格：R2mm	倒角完成后，倒角处圆滑，不刮手	无
12	开槽		背板槽、抽芯底板槽等	无	槽四周不能出现崩边的情况	开槽锯片磨损、不锋利，导致开槽崩边（及时更换开槽锯片）
13	刮刀		封边条经过修边后，通过刮刀单元把封边带刮修成圆弧状、斜边状	厚边倒 R1.5mm 角。薄边倒 15° ~ 30° 斜角	整体平整、流畅、手感光滑、无毛刺，视觉无凹凸现象	刮刀没调整好、刮刀磨损，导致刮边不圆滑（调整修边单元或者更换刮刀）

续表

序号	工序名称	作业图示	作业内容	设备加工参数	作业标准或图片	常见问题及解决办法
14	喷清洁剂		工件封完边后上下喷洒清洁剂	喷涂距板件边部 5～10mm	准备好清洁剂，检查清洁剂喷头是否畅通无堵塞； 在工件封边部位的上下表面喷涂分离剂（距边 5～10mm）	清洁剂单元为正常使用，导致板件残胶过多（启用喷清洁剂单元）
15	铲刀		铲掉工件表面溢出来的胶水及封边条	无	板件与封边带不允许刮花、划伤，板件与见光面的封边带不允许有崩缺； 工件表面不能出现明显残胶、溢胶现象； 表面无丝状封边条残留	铲刀容易堵塞，板面余量铲不掉（及时清理残留丝带）
16	抛光		清洁处理	抛光布轮与表面接触面再往下压 1mm	布轮表面无附着明显杂质，定时更换布轮； 加工后的边角面无明显残留胶痕、灰尘和杂物，板件表面无明显油污（防锈油、分离剂、清洁剂等）	抛光布轮容易松动，不顺畅，易跳闸（每 2h 清理一次丝带）

编制：　　　　审核：　　　　审批：

发送部门：

3.4 封边质量的控制

封边质量的控制可从两个方面进行阐述，即影响封边质量的主要因素、常见的封边质量问题及其解决方法。了解和掌握以上内容就可以有的放矢地预防和规避质量问题，以及解决已经出现的质量问题。

3.4.1 影响封边质量的主要因素

影响封边质量的主要因素包括封边基材、设备、加工精度、封边材料、胶黏剂等。

3.4.1.1 设备因素

封边质量的好坏与设备的使用有极大关系，设备因素造成的质量问题是最常见和持久的。

由于封边机的发动机与履带不能很好配合，使得履带在运行中不平稳，呈波浪状，造成封边条与板端面之间产生应力，使封的边出现不平直，不利于设备修边（设备本身内带的修边刀）；涂胶辊与送带辊配合不好，缺胶或涂胶不匀现象很普遍；修边刀具和倒角的刀具常常调不好，不仅需要人工再修边，而且修边质量也难以保证。

3.4.1.2 封边的基材因素

作为基材的人造板，厚度偏差普遍不能达标，多呈正公差，而且常常超出允许公差范围（允许公差范围 0.1～0.2mm），平整度也达不到标准，这使得压紧轮到履带表面的距离（基材的厚度）很难掌握，距离过小容易造成压得过紧，应力增大，产生开胶；间距过大压不紧板，封边条不能保证与板端牢固结合。

3.4.1.3 加工精度因素

在加工过程中，加工误差主要来源于开料和精裁。由于设备系统误差和工人的加工误差，使得工件端面不能达到水平，与相邻面不能保持垂直，因此，封边时封边条不能与板的端面完全贴合，封完边后就容易出现缝隙或露出基材，影响美观。更甚者，基材在加工过程中出现崩口，那封边也就失去了意义，这种情况就只能重做了。

3.4.1.4 封边材料因素

封边材料大多为 PVC，受环境影响很大。冬季变硬，对胶的亲和力下降，再加上贮存时间较长，表面老化，对胶的黏合强度就更低。对于纸质的厚度很小的封边条，由于韧性较大，厚度太小（如厚0.3mm），造成封边条切口不齐、胶合强度不够以及修边效果不好等缺陷，返工率很高，封边条浪费也很严重。目前，企业已经意识到这个问题，封边条的厚度基本都在0.5mm及以上了。而且，随着消费者对产品质量的要求越来越高，很多企业为了提高产品品质，考虑到封边条的成本与产品价值之间的关系，不论可视面与不可视面，都采用1mm及以上的厚度。

3.4.1.5 胶黏剂因素

封边使用的是专用封边热熔性胶。冬天由于气温较低，为保证胶合强度，胶的温度应稍高一点。若过高，超过190℃，胶量过稀，胶层变薄，等涂到板的端面时已降温，加上封边条温度也低，造成封边强度明显下降。若温度降至170℃，胶是稠了一点，但封边条的温度更低了，胶合强度也不够。温度再低，胶就不能很好熔化。在生产中，这个矛盾十分突出，也很难解决。再加上胶本身的胶合质量以及与基材和封边条三者之间互相的适应性和亲和力的状况，都影响封边质量。

3.4.1.6 环境因素

塑料封边条是以热塑性树脂为主要成分，用于家具封边收口的装饰条。在家具制造中，通过热熔胶（胶黏剂）将封边条与板材黏合在一起。其黏合是利用基材（封边条、板材）的毛细孔隙和表面能与热熔胶产生浸润及机械咬合的一种物理现象。但这种黏合受环境的影响会出现质量问题。

（1）黏合不良

胶黏剂以热塑性树脂和热塑弹性体为主要成分，受温度影响较大。当环境温度较低时，热熔胶涂布在基材上很快被周边的低温空气和基材带走部分热量，缩短了热熔胶的“露置时间”，表面形成一层表膜，阻隔了热熔胶浸润的进行，造成假性黏合或黏合不良。

（2）封边条易撕裂

冬季气温变低时，黏合件受冷后产生收缩（不同物质收缩率不一样），加之热熔胶和封边条进一步硬化，并继续向玻璃态转变，塑料成分越高的封边条越硬脆，填充料成分越高的封边条越脆，易粉化。撕裂时由于内在应力释放，所以给人造成感觉封边条易撕裂、不黏胶的假象。

（3）开槽易崩边、脱胶

凡热塑性塑料受温度的影响较大，温度越低越容易出现冷收缩，热熔胶和封边条也不例外。它们会随着温度降低进一步硬化，并在黏合界面产生内应力。当开槽刀具冲击力作用到黏合界面时，内应力释放，造成崩边或脱胶。应对这个问题，可将开槽时板件温度调整到 18℃以上，使软弹态热熔胶缓解刀具冲击力；或改变刀具旋转方向，使刀具冲击力变为作用在封边条表面；或降低开槽推进速度和勤磨开槽刀具，以减少刀具的冲击力。因此，在北方，封边机常常被放在一个比较封闭的空间里，开通了暖气，保证室内能够达到封边工艺需要的温度环境。

3.4.2 常见的封边质量问题及解决方法

封边质量问题在企业的实际生产过程中出现频率比较高，而且其质量问题表现出的状态和形式也是多种多样，可以列举出十几种，由此也可以看出狠抓封边质量的重要性，因为它会对整个产品质量产生不良影响。

3.4.2.1 常见的封边质量问题

常见的封边质量问题包括胶线残留、爆边、崩角、刮板、齐头过长、倒角不圆滑、封边条表面污染、牙痕凹凸不平、齐头过短、跑封边带、封边带不到位、胶线粗、溢胶、封边针眼、脱落等。常见的封边质量问题及不良说明见表 3–8。

表 3–8 常见的封边质量问题及说明

序号	质量问题	图示	质量不良说明
1	胶线残留		胶量过大，板件饰面有胶残留
2	爆边	 爆边	板饰面连续爆边
3	崩角	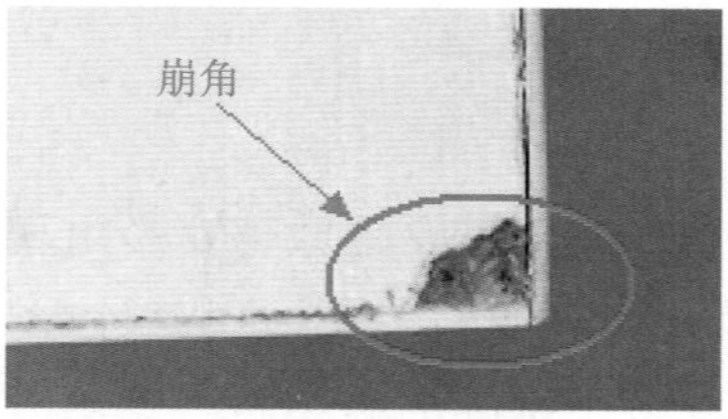 崩角	板饰面崩角

续表

序号	质量问题	图示	质量不良说明
4	刮板	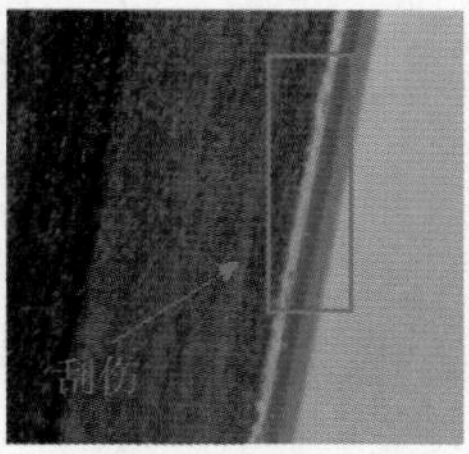 刮伤	板饰面刮伤
5	齐头过长	 齐头长	封边带两端头断带与板件裁截面不平齐
6	倒角不圆滑	 尖角	封边带倒角不光滑，呈尖形
7	封边条表面污染	 污染	封边带表面有污染、胶痕、杂质等
8	牙痕凹凸不平	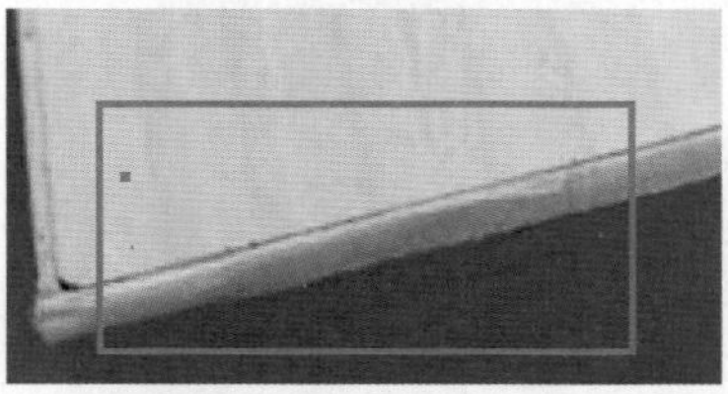	加工板件的封边带牙痕、凹凸不平
9	齐头过短		齐头短导致端头断带有缝隙

续表

序号	质量问题	图示	质量不良说明
10	跑封边带		封边时封边带与板件饰面不齐高
11	封边带不到位		加工板件时封边带不到位
12	胶线粗	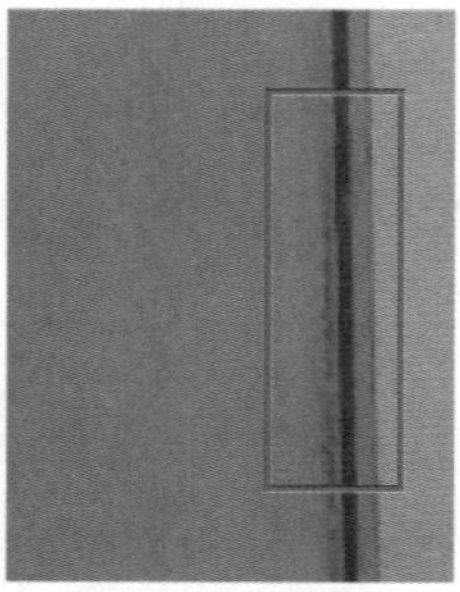	热熔胶量、温度都会影响胶线粗
13	溢胶		胶量过大，板件饰面有溢胶、胶残留影响，不合格
14	封边针眼		封边机压带轮压力太小，影响加工产品封边有针眼

续表

序号	质量问题	图示	质量不良说明
15	脱落		封边脱落

3.4.2.2 常见的封边质量问题解决方法

常见的封边质量问题分析及解决方法见表 3-9。

表 3-9 封边质量问题分析及解决方法

序号	封边质量问题	问题分析	解决方法
1	溢胶、胶线残留、胶线粗	1. 涂胶量太大； 2. 压轮压力太小，无法将胶压开； 3. 压轮或工件边缘不垂直； 4. 所使用热熔胶的开放时间太短或送料速度太慢，导致胶固化太早； 5. 刮刀量不够，导致表面剩胶太多	1. 调小涂胶量； 2. 加大压轮压力； 3. 提高开料板件质量，保持板件边缘垂直； 4. 调整热熔胶的开放时间； 5. 调整刮刀的量
2	爆边、崩角	1. 前后铣刀没有调成一条直线； 2. 线点参数设定不正确，至少有一把刀没有切到，导致崩边； 3. 铣刀有伤或太钝，导致崩边	1. 调整铣刀装置，使前后铣刀保持在一条线上； 2. 设置好线点参数，保证铣刀能够切割到位； 3. 更换已经损伤的铣刀
3	刮板	1. 刮刀量过大，导致刮伤平面； 2. 板面不平整	1. 调整刮刀的量，不能太小，也不能太大，保证刮刀刚好刮到工件表面； 2. 提高板件的表面质量，封边加工时保持板件表面平整
4	齐头过长或过短	研究表明，当齐头余量小于 10mm 时，由于设备原因，会导致部分封边条长度小于板材长度，出现封边条缺失现象，造成齐头过短；当齐头余量大于 70mm 时，由于封边条过长，在连续进料时，导致齐头前刀在复位的时候碰撞到封边条，就会给齐头质量留下极大隐患	齐头的余量应控制在 10 ~ 20mm 为宜
5	倒角不圆滑	板件宽度影响。研究表明，当板件宽度小于 100mm 时，导致板材在封边时夹持不稳定，发生跑偏现象，从而导致轮廓精修刀和平刀不能很好发挥作用，出现瑕疵。同时，预铣也不能充分发挥作用，导致封边后背面有胶缝出现	相对较窄的板件封边时，尽可能降低封边机的速度，保证板件在传送带内相对稳定，也可以将很窄的板件对拼再封边，这样可以保证较好的夹持力度
6	封边条表面污染	1. 压轮组有污染； 2. 清洁喷涂装置没有了清洁剂，不起作用	1. 清洁压轮组污染，保持压轮组的干净； 2. 添加清洁剂

续表

序号	封边质量问题	问题分析	解决方法
7	跑封边带	1. 送带工作台面，使其与输送带平面不平行； 2. 送带轮或反压轮已磨损严重，导致送带时不稳定； 3. 压轮区倾斜（或工件不垂直）； 4. 大压轮的线速度与工件输送速度不同步	1. 调整工作台面与输送带保持平行； 2. 更换损坏的送带轮或反压轮； 3. 调整压轮，保持与封边工件垂直； 4. 调整大压轮的线速度与工件输送速度，使其保持同步
8	封边针眼、缝隙	1. 分离剂开得太大，喷到工件侧面导致涂不上胶； 2. 涂胶量太小，有时边部涂不到胶； 3. 上下边缘的涂胶不均匀（涂胶辊或工件倾斜）； 4. 封边带不符合规格，两边太薄中间太厚，封边带经过压轮区后被重新拉开； 5. 所使用的热熔胶开放时间太长或送料速度太快，胶固化太迟； 6. 涂胶辊直接接触工件，使得布胶面呈网纹状，且布胶量很小，容易造成边部缺胶	1. 调整分离剂的量，分离剂不能喷到工件的表面； 2. 调整涂胶量，严格按工艺参数的要求执行； 3. 送料操作时，保持工件与涂胶辊垂直； 4. 更换成合格的封边带，保证供应链提供的封边带质量； 5. 调整热熔胶的开放时间
9	涂胶不均匀、脱落	1. 预铣刀不垂直，导致工件边部倾斜； 2. 涂胶辊上的布胶不均匀，有杂质； 3. 熔胶流动性不好，原因是熔胶温度不够或胶本身的问题（如添加剂太多）； 4. 胶箱内的胶量不够； 5. 胶辊前的导向板位置不对； 6. 涂胶辊的浮动量不够（正常约 1mm）	1. 调整预铣刀，保证工件的垂直； 2. 保持涂胶辊布胶均匀，清除涂胶辊杂物； 3. 更换热熔胶； 4. 添加热熔胶； 5. 调整导向板位置，保证板件均匀布胶； 6. 调整涂胶辊的浮动量（大约 1mm）

本章小结

本章主要介绍了封边技术中关于封边工序的特点和在这个工序中所要达到的标准，包括封边材料的技术标准、检验标准和封边工艺的质量标准及封边工序的作业指导书。封边技术的一个重点，也是难点，就是封边过程中对封边质量的控制。因此，本章重点介绍封边技术中对质量的影响因素，以及解决这些常见问题的方法。

目前，技术更新迭代很快，相应的标准也会随之调整或修改。以上内容仅作为一个认识问题、发现问题和解决问题的方法或案例，具备了这种学习能力，就可以应对不断变化的技术和解决不断出现的问题，这才是本书的目的。

板式定制家具封边工序的设备及选型 4

4.1–4.2–4.3

本章也是本书的重点内容，因此，实现封边技术最重要的是设备因素。封边技术需要哪些设备？它们是怎么分类的？需要哪些辅助设施？如何调试？这些设备如何使用和维护？不同的用户如何选型？这些问题都是读者和用户常问的问题，本章就从三个大的方面来授业解惑：一是封边工序的设备；二是封边设备的使用与维护；三是不同类型家具企业对封边设备的选择。

4.1 封边工序的设备

本节内容从四个方面阐述封边工序的设备，从封边设备的分类、封边设备的刀具到封边设备的辅助设施和封边设备的调试，基本涵盖了关于封边设备系统的各个方面的内容，较完整地给读者或用户介绍了封边设备的知识和具体应用，这也是深入学习封边技术的重要内容，需要重点关注。

4.1.1 封边设备的分类

封边设备是板式家具实现封边工艺的核心基础，按照封边设备自动化程度的不同，可以分为手动、半自动和全自动封边机。根据封边机的封边轨迹，可以分为直线封边机、直曲线封边机和软成型封边机。

4.1.1.1 直线封边机

直线封边机是当前国内外板式家具制造企业使用最多、最频繁的封边设备，直线封边机能够适应多封边工序的封边设备。根据封边机的自动化程度可分为半自动直线封边机、全自动直线封边机；根据封边机能够同时封边的边数，可分为单边直线封边机、双边直线封边机，其中，单边直线封边机是目前市场应用最广泛的封边设备。

（1）单边直线封边机

单边直线封边机是一次只能对板件进行一个面的封边，这种封边机用于板式家具部件的直线封边，在纵、横向封边过程中，具备各类封边条的压贴及前后截断、上下粗修、上下精修等功能，如图 4–1 所示。

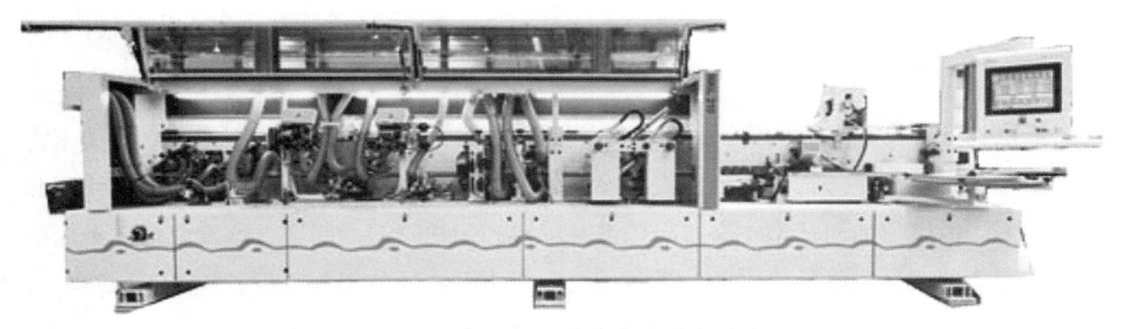

图 4–1　德国豪迈的单边直线封边机

（2）双边直线封边机

双边直线封边机一般由双端铣和双边封边机组成。双端铣完成零件两边的精裁，封边机完成封边和跟踪修圆角等功能，如图 4–2 所示为德国豪迈 KFL5216/7/A3/25/S2 双边直线封边机。双端直线封边机在生产中减少了板件的来回搬运，与单边直线封边机相比，大大提高了生产效率。但其高昂的价格，不适合小型家具生产企业使用。

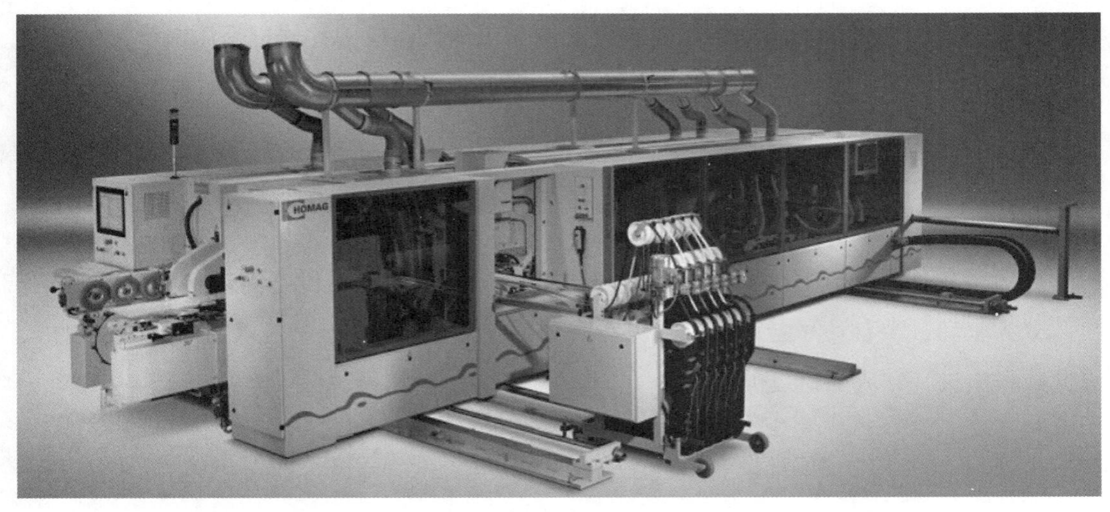

图 4–2　德国豪迈的双边直线封边机

4.1.1.2 直曲线封边机

直曲线封边机可以进行直线形零部件和曲线形零部件平面边的封边。在封曲线形零部件时，受封边机上封边头直径的限制，内弯曲半径不能太小，一般加工半径应大于25mm。

目前，直曲线封边机主要是手工进料的，一些直曲线封边机不能进行修边和齐端，只能另外配备设备或采用手工修边和修端。如图 4–3 所示为直曲线封边机封边示意图，如图 4–4 所示为豪迈（HOMAG）集团公司生产的直曲线封边机。

图 4–3　直曲线封边机封边示意图

图 4–4　直曲线封边机

采用修边机进行修边时，可以获得高质量的修边效果。修边机修边刀头的工作示意图如 4–5（c）和（d）所示。如图 4–6 所示为豪迈（HOMAG）集团公司生产的 F13 型修边机。

一些直曲线封边机虽可进行封边和修边，但两个端部还需配备另外的设备来齐端或采用手工齐端。仿型修边机如图 4–7 所示。

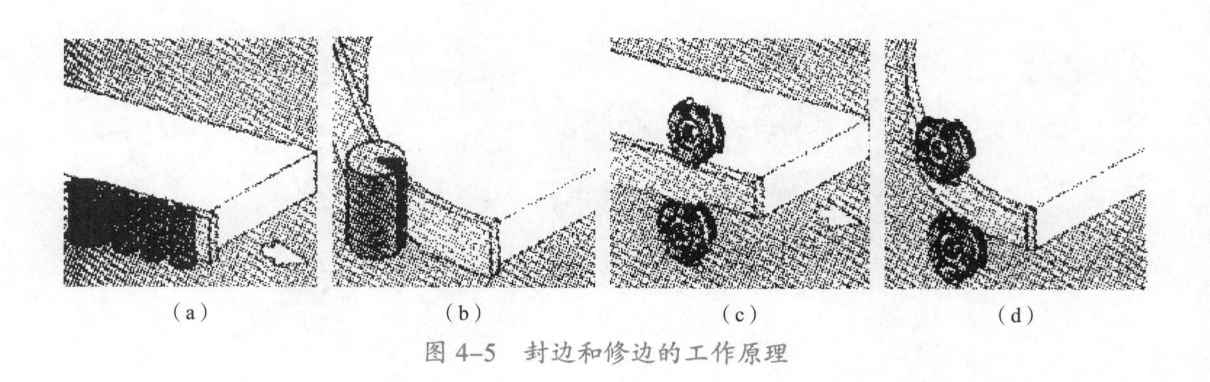

（a）　（b）　（c）　（d）

图 4–5　封边和修边的工作原理

图 4-6 修边机

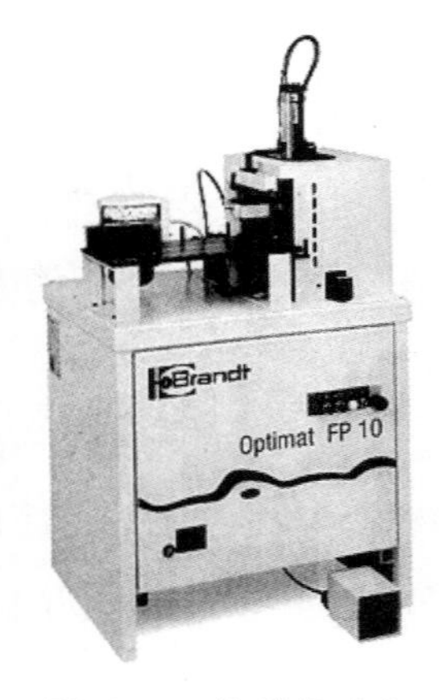

图 4-7 仿型修边机

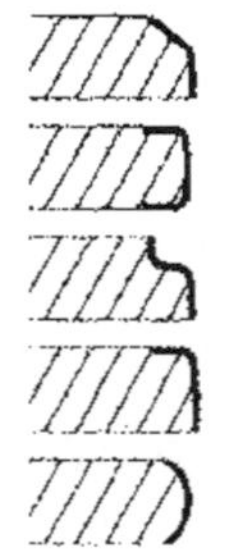

图 4-8 软成型直线封边的边部型面

4.1.1.3 软成型修边机

随着工艺技术的不断提高，家具生产设备也在不断更新，家具零部件边部的直线形型面已不能满足家具造型的需要。软成型直线封边机的出现，使家具零部件的边部出现了曲线形的型面，如图 4-8 所示。

软成型直线封边机的功能是铣形、封边条涂胶、软成型封边胶压、齐端、粗修边、精修边、跟踪修圆角、刮边、砂边和抛倒角等。如图 4-9 所示为软成型直线封边机的工作原理。

软成型直线封边机的类型主要有两种：软成型直线封边机和自动软成型直线封边机。

（1）软成型直线封边机

零部件的铣形应在另外的设备上完成，而喷胶、封边等工序是在该设备上完成的。

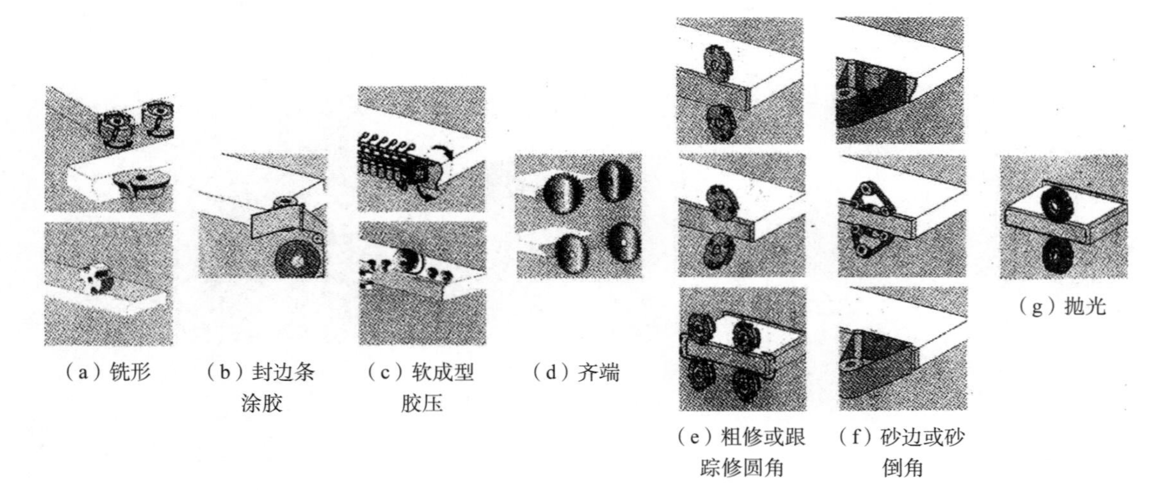

（a）铣形　（b）封边条涂胶　（c）软成型胶压　（d）齐端　（e）粗修或跟踪修圆角　（f）砂边或砂倒角　（g）抛光

图 4-9 软成型修边机的工作原理

封边机的压料辊是采用多个小压辊进行软成型封边胶压的，该设备还可以用于直线形平面边的封边。

（2）自动软成型直线封边机

自动软成型直线封边机可在设备上同时完成基材的铣形、砂光和软成型封边等工作，也可以当作普通的自动直线封边机来使用。卷式封边条允许厚度为 0.3 ~ 3mm，实木封边条厚度为 0.4 ~ 2mm，实木条仅能进行平面边的封边，进料速度为 12 ~ 24m/min（无级调速）。

4.1.2 封边设备的刀具

封边设备上的刀具包括预铣刀、齐头锯片、修边刀、刮刀和铲胶刀，如图 4–10 所示。

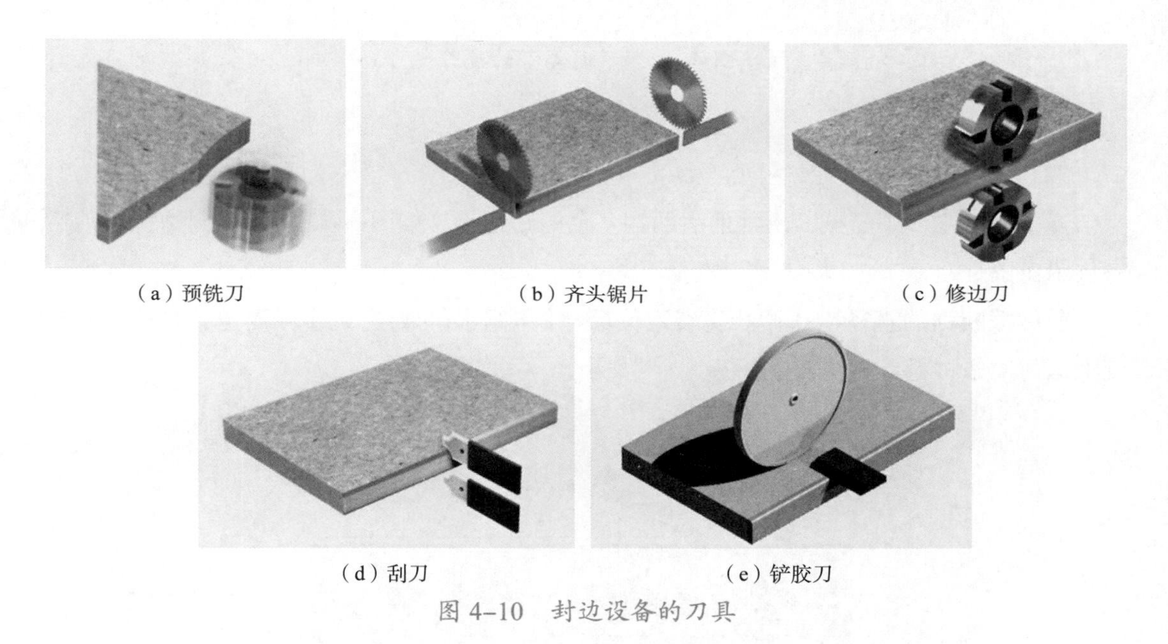

（a）预铣刀 （b）齐头锯片 （c）修边刀

（d）刮刀 （e）铲胶刀

图 4–10 封边设备的刀具

4.1.2.1 预铣刀

预铣刀主要作用是锣铣掉板材开料后出现的崩边位置，板件在进行封边时部件保持整齐、垂直。封边机上配置前后两把齐边铣刀，前者为气动控制的跳刀，顺铣切削，防止封边条撕裂；后者为逆铣，与铣刀切削方向相反，但铣削深度一致，如图 4–11 所示。

齐边铣刀切削部分的材料为聚晶金刚石复合刀片，焊接在刀体上。前后截断锯的直径、孔径及安装定位尺寸依据不同的封边机型号而定，其齿形及角度根据封边条材料、厚度而定。根据铣刀上齿形的多少可分为经济型预铣刀、复合式预铣刀和精修型预铣刀，如图 4–12 所示。

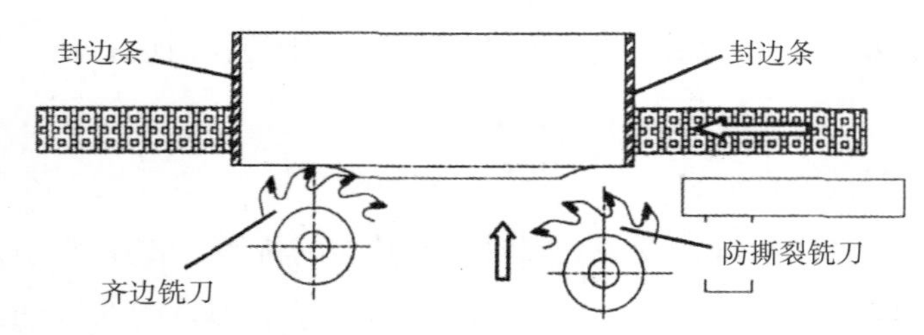

图 4-11　铣刀铣削示意图

（a）经济型预铣刀

（b）复合式预铣刀

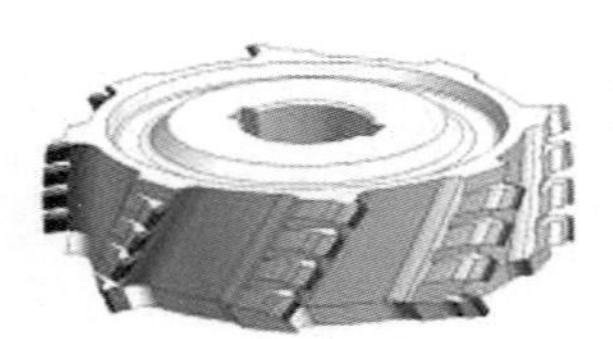

（c）精修型预铣刀

图 4-12　不同类型的铣刀

4.1.2.2　齐头锯片

齐头锯片主要用于截断工件前后两端多余的封边带。如图 4-13 所示为封边机上前后齐头示意图。

前后截断锯的直径、孔径及安装定位尺寸依据不同的封边机型号而定，其齿形及角度根据封边条材料、厚度而定。

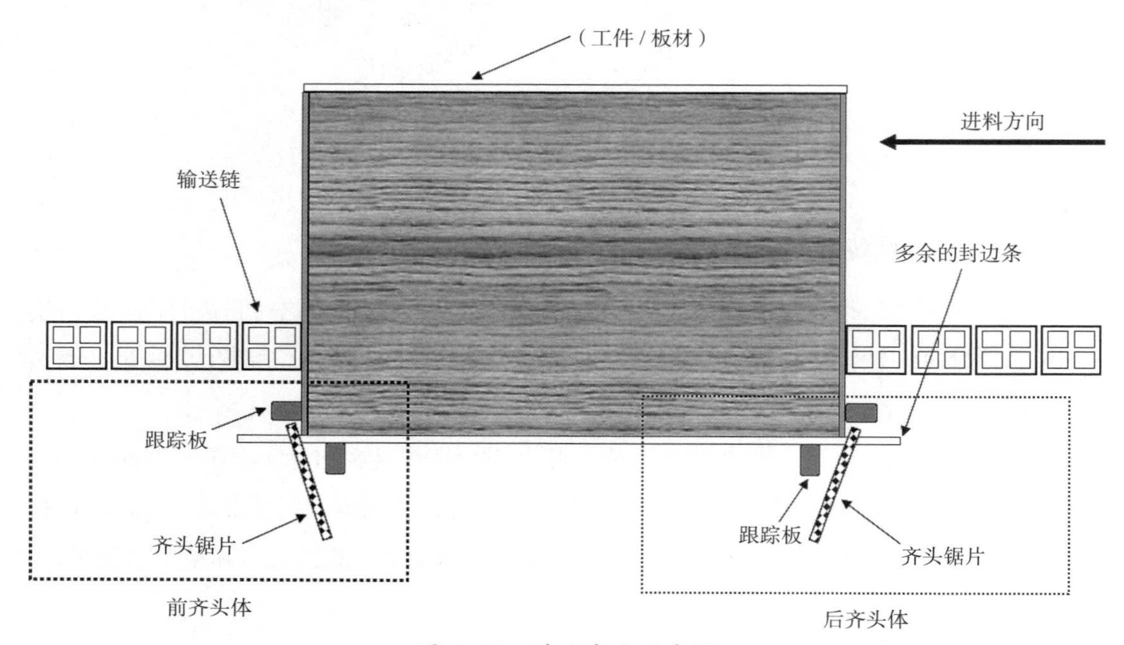

图 4-13　前后齐头示意图

4.1.2.3 修边刀

修边刀主要作用是修掉工件上下多余的封边带，使板件与封边带平齐，不出现刮手感觉。根据不同的修边，可分为粗修、精修、跟踪圆角修和刮修 4 个工序。不同封边机各道修边装置的工作原理及控制不同，通常封边条在胶贴之后，比工件表面高出 1.5 ~ 2mm，需要通过刀具修成与工件表面一致。上下粗修铣刀依靠滚轮靠贴在工件表面，控制铣削深度，对封边条进行预切削；经粗修之后的封边条高出量仍有 0.5mm，再经上下精修之后至封边条高出量约 0.1mm；最后经刮刀刮平。如图 4–14 所示为修边刀的工作示意图。

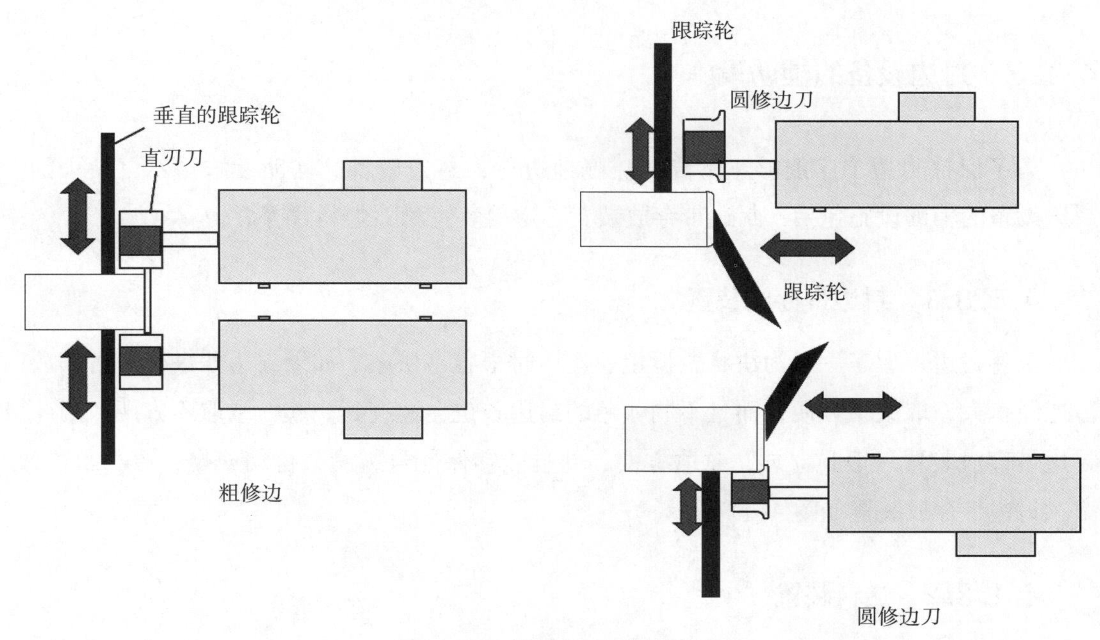

图 4–14　修边刀工作示意图

4.1.2.4 刮刀

刮刀的作用是消除圆修边刀的痕迹和把封边带刮修成圆弧状、斜边状。如图 4–15 所示为刮刀的工作示意图。

4.1.2.5 铲胶刀

铲胶刀的功能是铲掉工件表面溢出来的胶水及封边条，如图 4–16 所示。

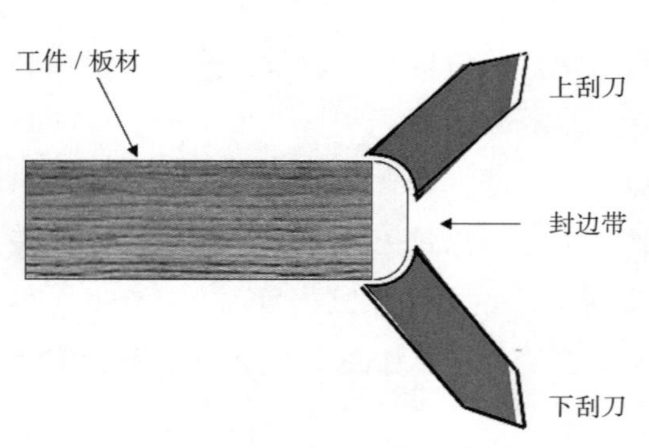

图 4–15　刮刀工作示意图

图 4–16　铲胶刀

4.1.3　封边设备的辅助设施

为了保证封边工序能够正常高效流畅地进行，封边设备的辅助设施是不可缺少的。封边设备的辅助设施包括：封边带存放装置、送料装置和除尘装置等。

4.1.3.1　封边带存放装置

单卷封边带形态一般为饼状，拆包后使用时很容易松散，如果封边条进行平行摆放，占地面积大，取放不方便，而且不同颜色的封边条也会缠绕到一起，拿取不方便。因此，封边带存放装置一般是立放，拿取方便，并且能够保证封边设备自动换带，提高封边效率。封边带存放装置如图 4–17 所示。

4.1.3.2　送料装置

技术进步总是从低到高、从慢到快的发展过程。传统的手工封边，产品质量常常难以保证，几乎封边工序中的每个因素都会影响产品质量。随着科技的快速进步，目前自动封边机已经很普遍地应用于各种类型的家具企业，只是有间歇式生产和连续式生产两种生产方式。间歇式生产，封边机需要人工进行上下料，在人工上料时还需要具有一定经验的工人对上料的板材进行位置调整，才能保证板材与封边机的封边位置更加贴合，而且人工送料容易造成工作停顿和工作不稳定的问题，会导致效率低下、质量不稳定。连续式生产，主要就是依靠自动连续上料装置，达到连续封边的目的。送料装置对突破现有封边机工作效率的瓶颈、降低生产成本以及保证质量稳定有着重要的作用。送料装置一般由输送机、升降台、推板机等构成，如图 4–18 所示。

图 4-17　封边带存放装置（封边带库与设定）

图 4-18　封边送料装置

4.1.3.3 除尘装置

在封边工序中使用的除尘装置主要是工业吸尘器，工业吸尘器是用于工业生产过程中收集废弃物、过滤和净化空气、进行环境清扫的设备。作为一种环保设备，工业吸尘器可以有效防止一些职业病的危害。

工业吸尘器的主要原理是通过涡轮风机等设备将桶身内部抽成真空，使其负压快速升高，高负压使空气迅速通过进风口流入桶身内部，通过吸尘刷和吸尘管，流动的空气携带需要收集和处理的固体颗粒物进入桶身，过滤袋与进风口相接，固体被附着于滤袋的内表面，初过滤的空气通过过滤袋的缝隙，再经滤芯的二次过滤，可使空气达到排放的标准，过滤后的空气通过风机的排风口进入排风道，最终排回车间内部，以减少能量损失，特别是热能的损失。负压越高，吸力越强，吸尘口的口径越宽，则流量增加；负压变小，吸力变小。通过选择合适的型号，可使负压保持在一个恒定的范围之内，以适应不同物料的吸取和处理。

在定制家具生产制造中，除尘装置一般都是设置中央除尘装置，一个车间或一个厂房里面设置中央除尘系统，这样可以有效、合理地分配资源，如图 4–19 所示为中央除尘装置。但在一些中小型企业中，移动除尘装置也比较常见，如图 4–20 所示。

图 4–19　中央除尘装置

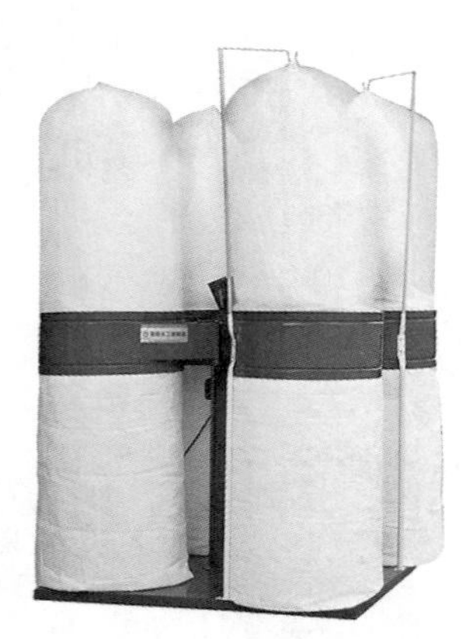

图 4–20　移动除尘装置

4.1.4 封边设备的调试

以直线封边机为例，一般的全自动直线封边机由粘贴压紧装置、封边条前后齐头装置、上下修边装置、跟踪修边装置、刮边装置及抛光装置等组成，有些还配有铣边的铣刀、砂边的砂光头和加热装置等。调试时要从进料端开始，按照先后顺序一步步操作，直到出料端，这样做既快又准确。调试工作主要分成下面几大步骤进行。

4.1.4.1　压梁高度的调整

根据工件厚度调整压梁的高度，以压梁上安装的辊轮下表面低于工件上表面 5mm 为宜。压得过松，工件在封边过程中容易移位，影响封边及修边的精度；压得过紧，压梁及立柱变形较大，长时间使用会造成压梁及立柱的变形，降低设备的精度。压梁的升降可以通过安装在前端的数字表进行精确调整。

4.1.4.2　粘贴压紧装置的调整

作为基材的中密度纤维板和刨花板，由于其材质密度较小，易吸收胶黏剂，涂胶量相对较大，一般控制在 300 ~ 350g/m^2，而实木条等封边材料材质较密，涂胶量应相对减少，一般控制在 200 ~ 250g/m^2。封边条黏结是否牢固，除了封边条、胶水、板件本身的质量外，压紧力的大小也非常关键，其压合的压力应根据使用封边材料的种类、厚度、基材的条件等决定。一般以压轮的侧面凸出工件侧面 1 ~ 2mm 为宜，同时，调整压辊后面气缸压力的大小（压力一般为 0.3 ~ 0.5MPa）。通常是封边条越厚，所需要的压力越大，压辊的数量也越多。

4.1.4.3　封边条前后齐头装置的调整

前后齐头装置的主要作用是切掉工件前后多余的封边条，使两端齐平，见伺服前后切（图 4–21）和工件间距的控制（图 4–22）。调整的关键是确定齐头锯片的端面与导向板的前端在一个平面内，如果锯片凸出导向板的前端面，端部齐头时就会伤到工件，如果导向板凸出锯片的前端面，工件端部齐头时就会出现封边条凸出工件，以上两种情况都影响产品的质量。调整时可以找一小块比较平直的木块，压在齐头锯片前端的导向板上，然后用手转动锯片，以锯片端面轻轻接触到木块的表面为宜。

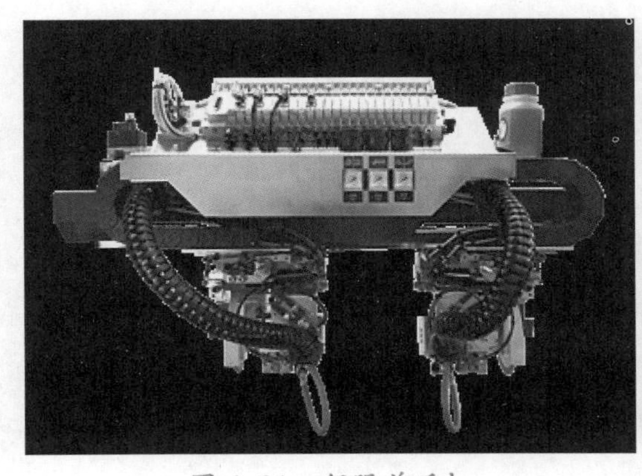

图 4–21　伺服前后切

图 4–22　相邻工件之间的间距控制

另外，前后齐头装置升降气缸的气压要合适，太大会对工件造成冲击，太小可能跟不上工件移动的速度，造成不能准确修边，一般要求气压在 0.3MPa 左右。

4.1.4.4 上下修边装置的调整

上下修边装置的主要作用是切掉工件上下表面多余的封边条，有粗修和精修两种，如图 4-23 所示。调整的关键是确定修边刀切削圆与上下导向板的相对位置，使其位于同一个平面内，如果修边刀切削圆凸出导向板的表面，上下修边时不但修去了多余的封边条，也会伤到工件的上下表面；如果导向板凸出修边刀切削圆的表面，上下修边时就不能完全修掉多余的封边条，以上两种情况都影响产品的质量。调整时，开动机器，送入一块样板，使它刚好停留在上下修边装置的中间，然后分别转动上下修边刀头，以刀头的切削圆刚好接触到工件的上下表面为宜。另外，注意上下修边时要留 0.2mm 的余量，这个余量由刮边装置切掉，以便消除封边条上的刀痕。

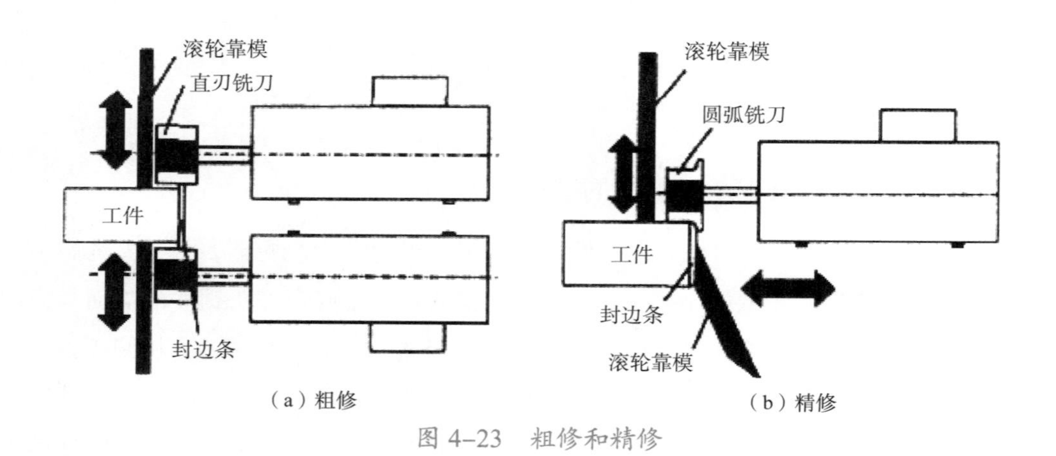

图 4-23 粗修和精修

4.1.4.5 跟踪修边装置的调整

跟踪修边装置有两套修边刀轴，分布在工件的上下方，当工件和封边条经过粘贴、锯断、修边后到达跟踪修边工位时，跟踪修边装置就会快速地贴着工件，根据工件的形状进行仿形修边。有些封边机还有调节厚封边条和薄封边条的精修装置，如图 4-24 所示，还有控制碎屑按照设计的方向导入吸尘罩的系统，如图 4-25 所示。

调整的关键是确定跟踪修边刀切削圆与上下导向板的相对位置，使其位于同一个平面内，如果跟踪修边刀切削圆凸出导向板的表面，跟踪上下修边时不但修去了多余的封边条，也会伤到工件的上下表面；如果导向板凸出跟踪修边刀切削圆的表面，上下修边时就不能完全修掉多余的封边条，产生质量缺陷，降低产品档次。

图 4-24 两个点位调节的精修装置

图 4-25 控制碎屑流向的系统

4.1.4.6 刮边装置及抛光装置的调整

刮边装置的作用是除去前面工序中留在封边带上的刀痕，一般切削量很小，去掉的厚度大约在 0.2mm；切削量过大，会增加刀具的磨损，并导致封边带发白，影响产品质量。抛光的作用是去除前面工序中留在封边条上的碎屑，同时将前面修过的边打磨光滑。要注意打磨的量不要太大，布轮略低于板件的上下表面即可，否则会损伤工件表面。仿形刮刀装置如图 4-26 所示；大的仿形盘如图 4-27 所示；自动夹丝带装置如图 4-28 所示；抛光装置如图 4-29 所示。

图 4-26 仿形刮刀装置

图 4-27 大的仿形盘

图 4-28 自动夹丝带装置

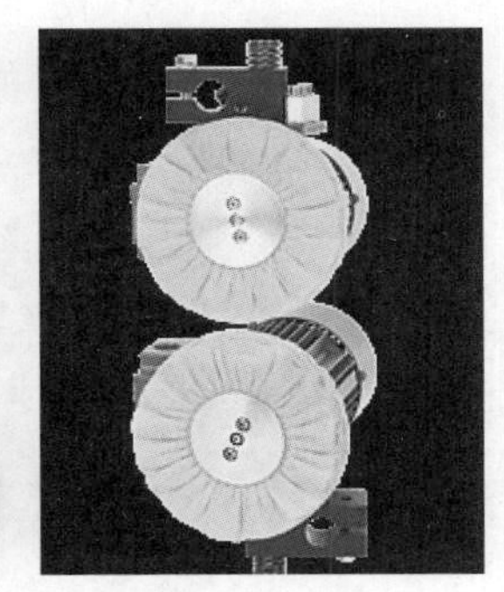

图 4-29 抛光装置

4.2 封边设备的使用与维护

封边设备的正确使用和精心维护，是封边设备管理中的重要内容。机器设备使用期限的长短、生产效率和工作精度的高低固然取决于设备本身的结构和精度，但在很大程度上也取决于它的使用和维护保养程度。正确使用封边设备，可以保持设备的良好技术状态，防止发生非正常磨损和避免突发性故障，延长使用时间；而精心维护设备，则起着对设备的“保健”作用，可改善其技术状态，延缓劣化进程，消灭隐患于萌芽状态，从而保障设备的安全运行，提高企业的经济效益。为此，必须明确生产车间与使用人员对封边设备使用维护的责任与工作内容，建立必要的规章制度，确保贯彻执行对封边设备使用维护的各项措施。

4.2.1 封边设备的使用规范

封边工序是板式家具制造重要的环节，其质量的好坏直接影响家具产品，而正确规范地使用封边设备既能够提高封边工序的工作效率，又能够降低封边工序生产过程中的差错率，提高封边的质量。表 4–1 是豪迈 KAL310 全自动封边机安全操作规程。

表 4–1 KAL310 全自动封边机安全操作规程

文件标题	KAL350 封边机安全操作规程	文件编号		版次	
制订部门		制订日期		页码	1/3

一、目的

正确使用，合理保养，使机器设备安全、长久发挥最佳性能。

二、范围

某品牌某型号的封边机。

三、结构

结构如图 4–30 至图 4–33 所示。

图 4–30 操作面板

图 4–31 各种按钮的名称

续表

图 4-32 防护装置

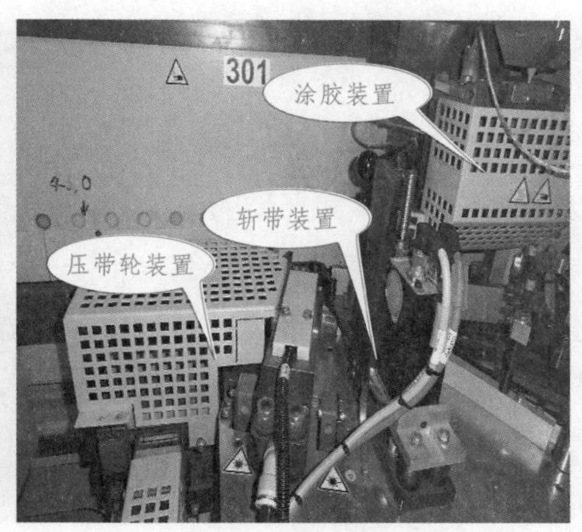

图 4-33 机箱内各功能装置

（1）控制面板、手动遥控器。
（2）防护门、防护门开关。
（3）压带轮装置、涂胶装置、斩带装置。

四、操作步骤

（1）先检查机器外观、安全开关、安全护罩、防护门及机器四周有无阻碍。
（2）打开稳压器电源，然后打开机身电源。
（3）接通外部压缩空气。
（4）在电脑上激活胶罐加温，使其达到加工温度。
（5）根据生产需要，在主电脑操作界面编写好生产程序及设定设备运行速度等，选择开启相应的加工单元运行或直接调出已编辑好的加工程序进行生产。
（6）设备运行中断不能继续工作时，选择进入诊断界面查询故障报警，并进行排除，如操作员不能排除故障，应报机修组进行维修。

五、润滑保养

（1）每班次生产完成后，操作工清扫机身内外灰尘。
（2）其他日常保养项目详细要求见本企业的封边机保养记录表。

六、注意事项

（1）在使用 1.5mm 厚度以下的边带封边时，绝对禁止使用“增强型截断剪”功能，否则将容易造成切刀气缸的损坏！
（2）工作现场不得穿凉鞋和拖鞋，必须在关停控制电源的情况下，才能进入设备内部或中间位置进行操作，所有人员不得触摸设备运动或移动的部件。
（3）当设备暂停生产 20min 以上时，必须把涂轴加温开关打到“1”位置。
（4）关机后必须在 3min 后才能重新启动电脑，否则容易造成电器元件的损坏。
（5）电脑在启动过程中严禁开启控制电源；参数上传和下载过程中不得断开电源；必须按正常步骤关闭电脑。
（6）高、低温胶粒不得混合使用，当更换不同的新产品胶粒时，必须根据新产品的参数修改机器温度设定。
（7）当环境温度在 20℃以上时，不用打开预热灯加温装置；当环境温度在 10～20℃时，打开 30% 预热灯加温装置；当环境温度在 10℃以下时，打开 50% 预热灯加温装置。另外，当板材厚度在 18mm 时，打开 1 组预热灯加温装置；当板材厚度在 18mm 以上时，打开 2 组预热灯加温装置，每工作 1h 要对辐射加温灯进行一次检查，并清洁加温灯附近积聚的粉尘。

4.2.2 封边设备的维护

机械设备使用的前提和基础是设备的日常维护和保养，设备维护保养包含范围较广，包括：为防止设备劣化、维持设备性能而进行的清扫、检查、润滑、紧固以及调整等日常维护保养工作；为测定设备劣化程度或性能降低程度而进行的必要检查；为修复劣化、恢复设备性能而进行的修理活动。

4.2.2.1 设备维护的意义

设备在长期、不同环境的使用过程中，机械的部件磨损，间隙增大，配合改变，直接影响到设备原有的平衡，设备的稳定性、可靠性和使用效益均会有相当程度的降低，甚至会导致机械设备丧失其固有的基本性能，无法正常运行。因此，设备就要进行大修或更换新设备，这样无疑增加了企业成本，影响了企业资源的合理配置。为此，必须建立科学、有效的设备管理机制，加大设备日常管理力度，理论与实际相结合，科学合理地制定设备的维护、保养计划。

为保证机械设备经常处于良好的技术状态，随时可以投入运行，减少故障停机日，提高机械完好率、利用率，减少机械磨损，延长机械使用寿命，降低机械运行和维修成本，确保安全生产，机械保养必须贯彻“养修并重，预防为主”的原则，做到定期保养、强制进行，正确处理使用、保养和修理的关系，不允许“只用不养，只修不养”。

表 4–2 为一种常见封边设备的日常保养表，供参考。

表 4–2 封边机日常保养表

封边机日常维护

负责人： 车间主管 月份

序号	保养项目	保养内容	周期	1	2	3	4	5	6	7	8	9	10	11	12	13	14	15	16	17	18	19	20	21	22	23	24	25	26	27	28	29	30	31
1	整机	清洁外部粉尘及木屑	1																															
2	铲胶装置	清洁刀具	1																															
3	气动装置	检查凝结水排放阀	1																															
4	涂胶装置	润滑胶辊轴承	2																															
5	预铣装置	目测检查刀具	7																															
6	压轮装置	目测检查	7																															
7	前后切装置	检查直线导轨及减震器	7																															

续表

序号	保养项目	保养内容	周期	1	2	3	4	5	6	7	8	9	10	11	12	13	14	15	16	17	18	19	20	21	22	23	24	25	26	27	28	29	30	31
8	精修装置	检查刀具锋利、清理电机及风罩	7																															
9	前后跟踪	检查刀具锋利及仿形轮	7																															
10	刮刀装置	检查刀具锋利	7																															
11	前后切装置	直线导轨润滑	15																															
12	上压梁	检查润滑	30																															
13	上压梁滚轮	检查磨损	30																															
14	预铣装置	导杆润滑	30																															
15	涂胶装置	清洁涂胶单元	30																															
16	涂胶装置	检查胶液液位感应器	30																															
17	精修装置	丝杆与运动部件检查润滑	30																															
18	前后跟踪	丝杆与直线导轨润滑	30																															
19	刮刀装置	运动部件检查润滑	30																															
20	铲胶装置	运动部件检查润滑	30																															
21	抛光装置	检查抛光轮的磨损	30																															

备注：设备使用责任人按周期进行日常保养，如保养正常使用打“√”，不正常打“×”，不正常情况设备操作责任人上报车间负责人，同时报设备部维修。

4.2.2.2 封边机保养指导书

封边机保养指导书举例见表4-3，供参考。

表4-3 封边机保养指导书

文件标题		文件编号	1	版次	
制订部门		制订日期		页码	2/3

1. 整机

（1）每天清洁机器：只允许用干燥的压缩空气和干抹布清洁机器。
（2）每周清洁履带输送装置。
（3）每季检查输送带驱动齿轮箱马达有无过热、异常响声等故障，齿轮箱内机油约每3年更换一次。
（4）更换输送块。

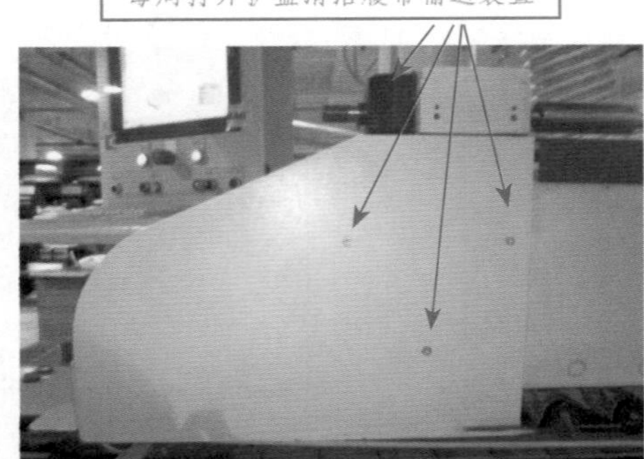

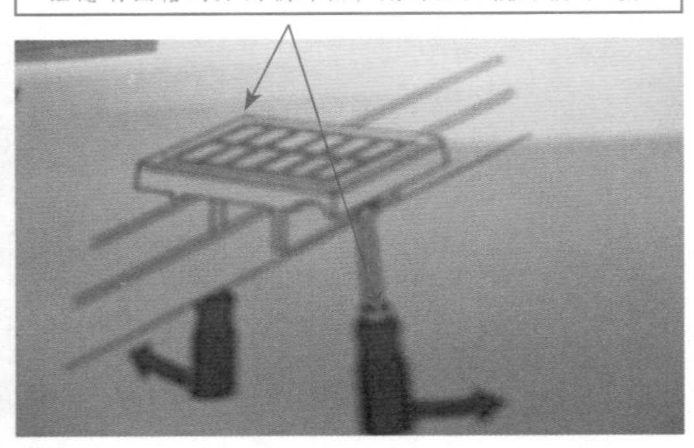

（5）每半年检查并调整输送链张紧度，以防输送链块翘起。

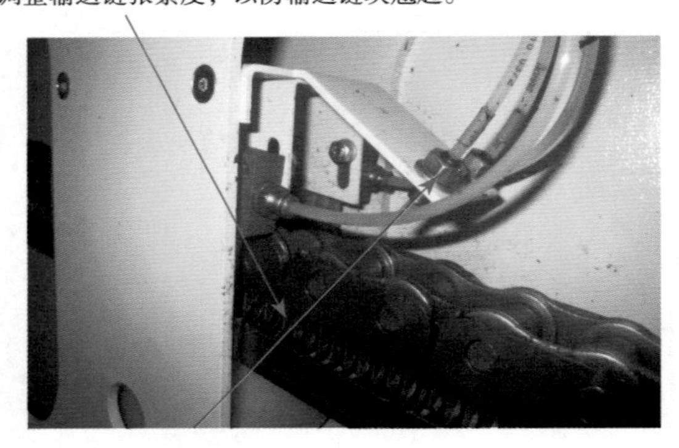

（6）每周用机油润滑输送链块及链条。
（7）每周加气动油，每月清洗压缩空气滤清器的滤芯。平时过滤出的油水被自动排出。

续表

2. 电脑部分

每半年用吸尘器清洁电脑控制柜，注意：①电脑启动过程中请勿开启控制电源；②电脑在进行参数的上传和下载过程中，禁止突然关闭电源；③必须按照正常步骤关闭电脑。

3. 涂胶系统

每天用高温油润滑涂胶辊轴承进行清洁时不得使用洗胶水，用少量黄油润滑并抹干净。每两天清洁涂胶单元和万向轴，并加油（进行清洁时不得使用锐边工具）。

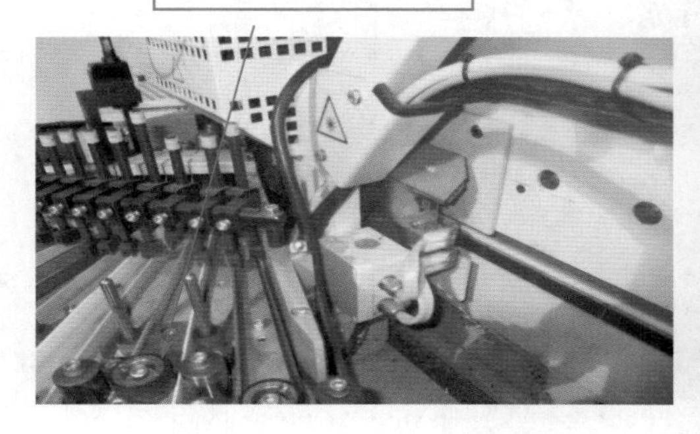

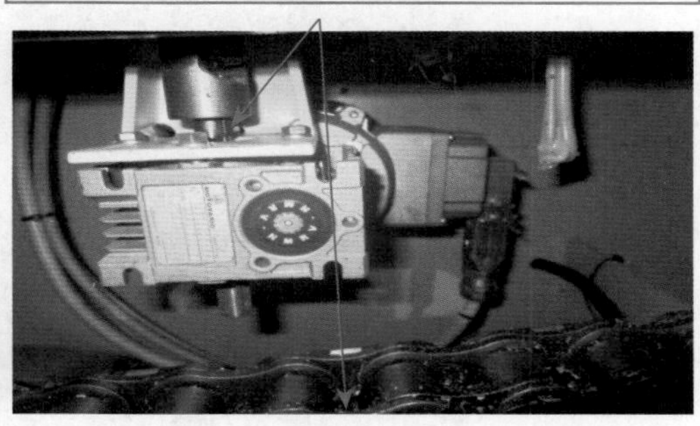

4. 前后切边

（1）每月检查线性导轨，目测检查凹槽上的导轨，并且来回移动，查看磨损情况。
（2）每半月检查缓冲装置，手动检查前切边的下行缓冲装置和前后切边上的上行缓冲装置，每半月检查黄油润滑导轨滑块。
（3）以目测方式检查所有的导轨是否被自动润滑。
（4）每两天检查并调整导轨滑块的油气润滑单元，加油并且调整雾化油量。

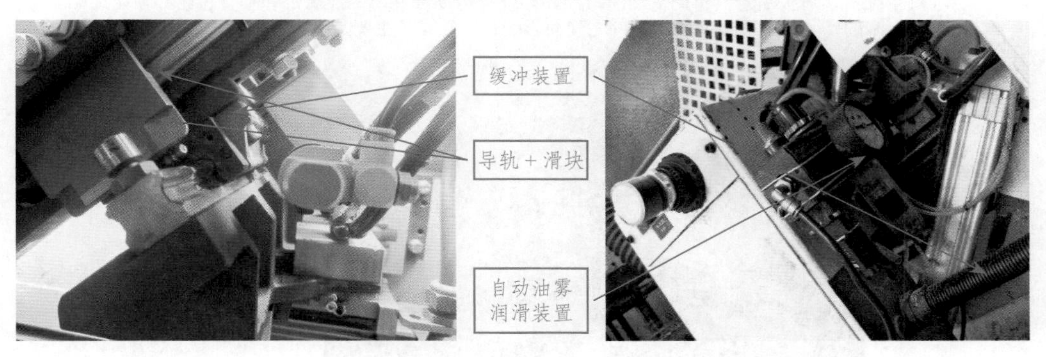

5. 上 / 下粗精修边

每月清洁、润滑（普通机油）浮动导杆等运动部位，要保持良好的弹性状态，加油后抹干。

续表

6. 圆角跟踪修边

（1）每天清理吸尘器罩，保证吸尘罩通畅，仿形轮转动顺畅。

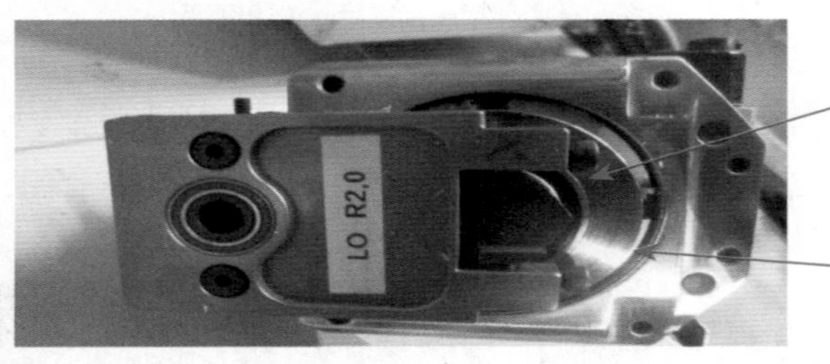

（2）每两天检查并调整自动油雾润滑系统，加油并且调整雾化油量。每天检查气动装置的气压基本设置。

7. 刮刀修边

每季维护切屑拨断器。每周清洁润滑浮动导杆等运动部件，保证水平和垂直靠轮必须始终贴紧工件，避免刮出来的条状物卡塞在靠轮与工件之间而影响封边效果（主要是吸尘风力和调整好吹气角度）。

8. 抛光装置

每天清洁调节主轴，调整或更换已磨损的抛光布，抛光量为1mm。

注：抛光装置的主要作用是清洁表面的污物，而对封边带抛光的作用并不明显。

续表

9. 电柜部分

每月用吸尘器吸干净电柜灰尘，每周取下电柜防尘滤网，用干燥压缩空气清洁。

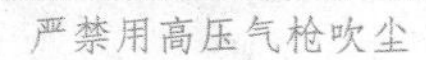

4.2.3 封边设备的作业指导书

封边作业指导书是对封边操作者进行标准作业技术指导的基准，是为保证封边质量而制定的程序。以豪迈某型号封边机为例，见表4-4，说明全自动直线封边机的作业指导书，仅供参考。

表4-4 全自动直线封边机作业指导书

流程	作业标准及图片	作业内容	作业标准及图片
1. 劳保用品佩戴	口罩 耳塞 防滑胶手套 劳保鞋	1. 如右图所示，按《工序劳保用品配发标准》正确佩戴劳保用品。 2. 将上衣所有纽扣扣好，并将裸露在外的衣角压入裤腰中，做到“三紧两不”：衣着紧身、紧腰，如果是冬装需要将袖口的纽扣扣好——紧袖；做到不系领带、不戴首饰	口罩佩戴方法 第一步 第二步 第三步 第四步 耳塞佩戴方法 第一步 第二步 第三步 第四步
2. 设备工具准备	豪迈封边机	1. 配置1位主机手，1位副机手（车间自行安排）。 2. 清理干净机台及作业场所的杂物、碎料。 3. 准备本岗位适用工具。 4. 确认铲刀刀刃能轻松将长出部分封边带铲掉。 5. 检查胶池内热熔胶是否用完，用完后，及时添加热熔胶，高温胶型号代码 ×××，胶量添加到接近胶箱口。 6. 确认分离剂溶剂余量在最高端和最低端标识之间，如不在这个范围，则必须添加分离剂	拉尺 是否锋利 铲刀 固定扳手 热熔胶 封边带 分离剂 压梁调节扳手

续表

<table>
<tr><th>流程</th><th>作业标准及图片</th><th>作业内容</th><th>作业标准及图片</th></tr>
<tr><td rowspan="5">3. 设备检查调试</td><td>
</td><td rowspan="5">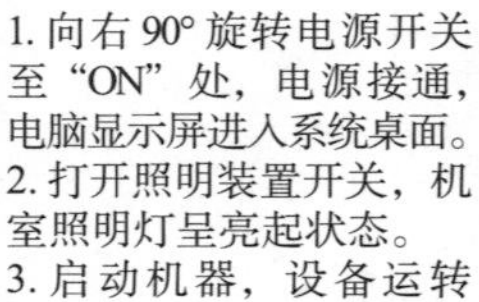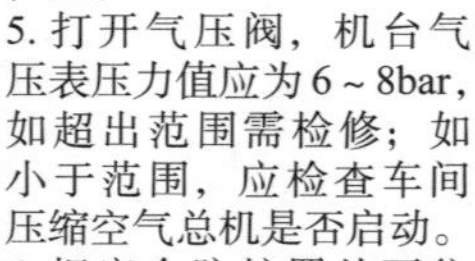
1. 向右 90° 旋转电源开关至"ON"处，电源接通，电脑显示屏进入系统桌面。
2. 打开照明装置开关，机室照明灯呈亮起状态。
3. 启动机器，设备运转应无异声，运行正常。
4. 在检查其他项目之前，提前预热热熔胶，点击加热按键，调节到"2"位置。
5. 打开气压阀，机台气压表压力值应为 6 ~ 8bar，如超出范围需检修；如小于范围，应检查车间压缩空气总机是否启动。
6. 把安全防护罩从下往上打开，设备应立即停止运作；如设备仍运行，检查防护罩右上方的安全开关是否开启。
7. 按下急停按钮或开启各感应开关，设备应立即停止运作。
8. 输送带完整、无脱节，输送正常。
9. 确认前后切刀无松动。
10. 把防护罩螺钉拧开，打开防护罩，确认铣刀无崩缺。
11. 检查抛光轮是否缠有杂质，如有杂质，则需清理干净。
12. 踩动脚踏升降开关，升降台应上下移动顺畅</td><td>
</td></tr>
<tr><td>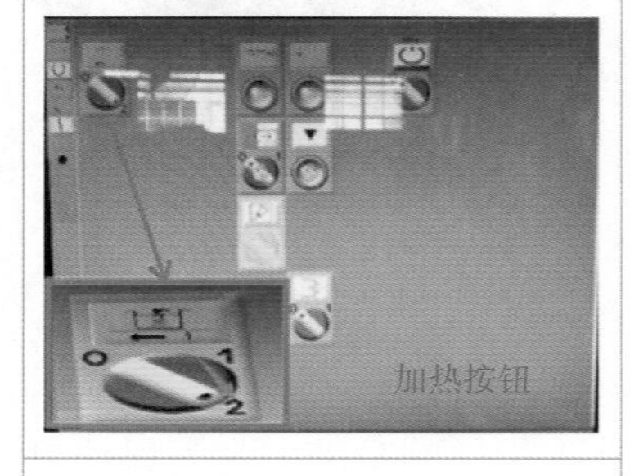
</td><td>
</td></tr>
<tr><td>

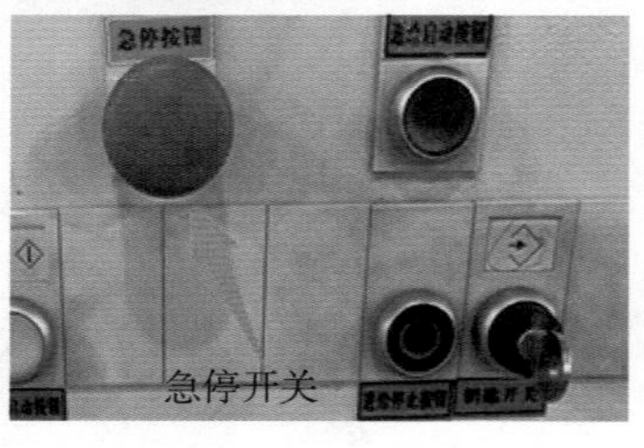
</td><td>

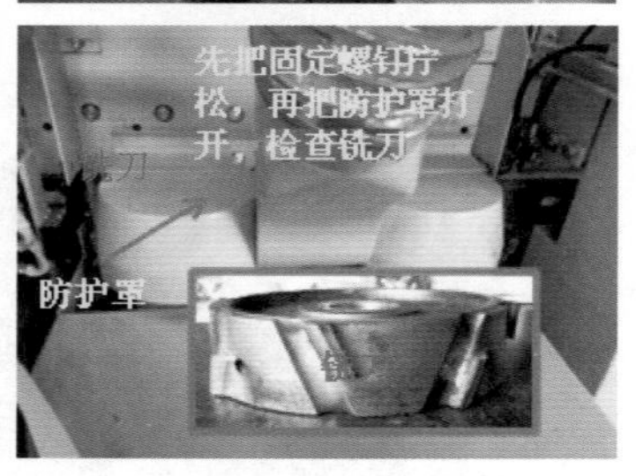
</td></tr>
<tr><td>

</td><td>

</td></tr>
</table>

续表

流程	作业标准及图片	作业内容	作业标准及图片
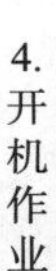 4.开机作业	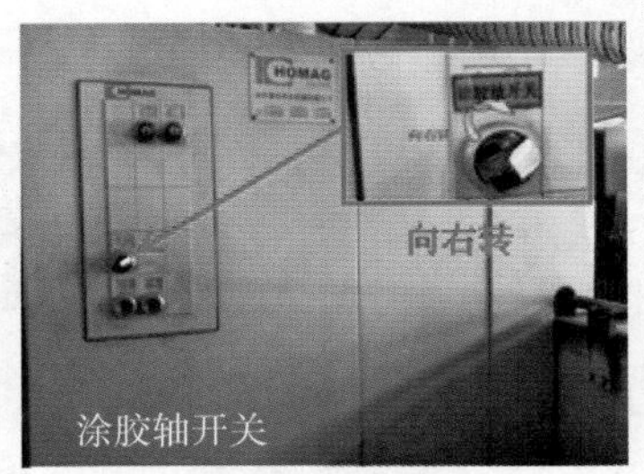	1. 启动涂胶轴开关。 2. 当温度上升至140℃，涂胶轴开始旋转时，打开回胶门，调节出胶门，使胶膜达到合适厚度，继续等待胶锅温度达到预定温度。 3. 当温控状态图标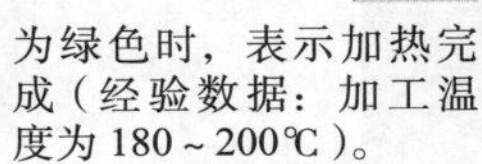为绿色时，表示加热完成（经验数据：加工温度为180～200℃）。 4. 按下控制屏幕上压缩空气按钮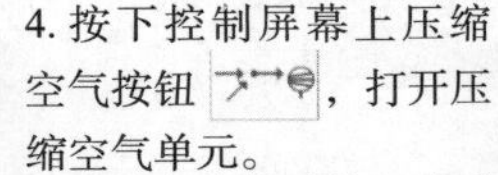，打开压缩空气单元。 5. 确认定位辅助装置（手动装置）上的钥匙开关处于“0”状态。 6. 根据订单花色要求，安装相应的封边带到封边带旋转托盘装置上。 7. 当控制电源开关闪烁时按下。 8. 按下启动程序按钮。 9. 当进给启动按钮闪烁时，将其按下，使输送带运转进入工作待命状态。 10. 根据板件高度，用调节扳手调试压梁高度，保证压梁高度与板材厚度一致，板材常用的厚度规格为12mm、18mm、25mm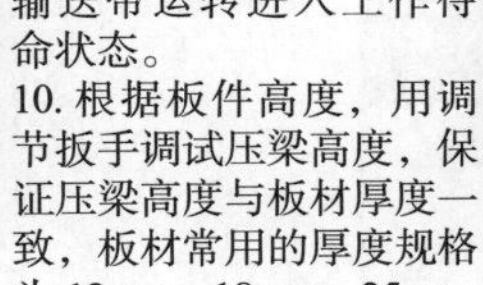	
	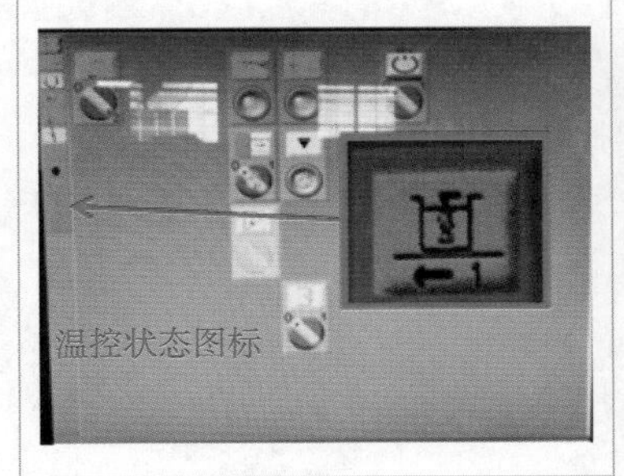		

	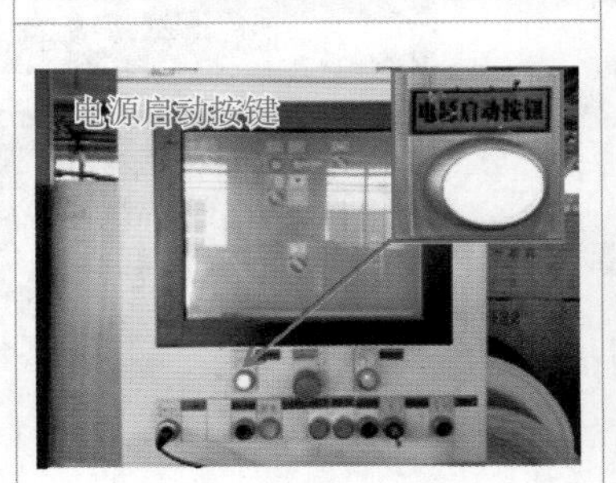		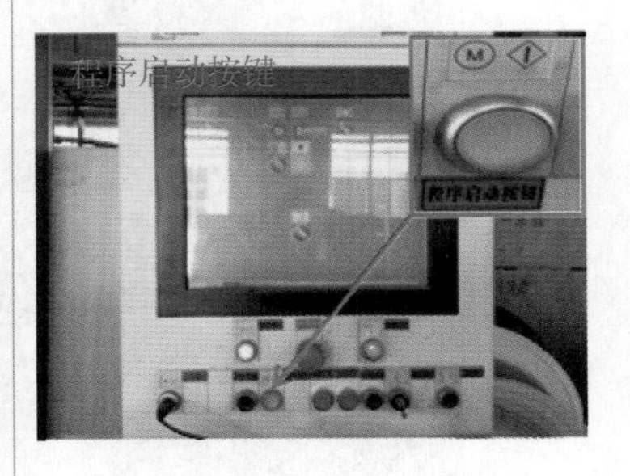
	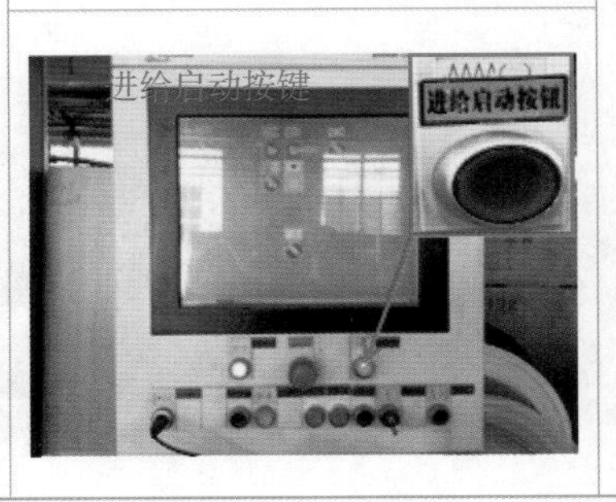		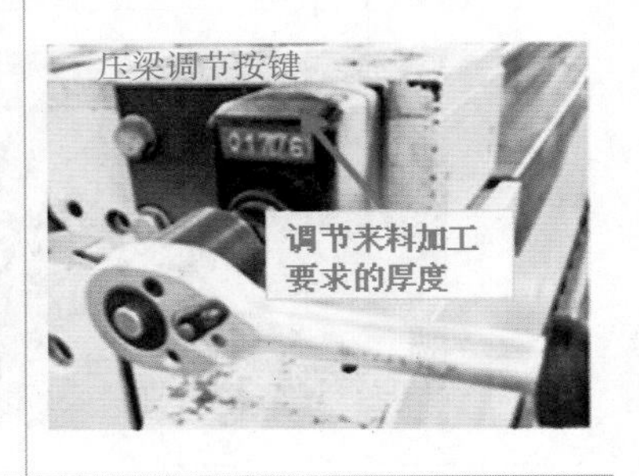

续表

流程	作业标准及图片	作业内容	作业标准及图片
5. 来料检查	尺寸、花色检查	1. 用拉尺测量开料转运过来的板件尺寸，应与料单尺寸吻合，板件花色与料单花色应一致。 2. 确认板件无开裂、无变形、无发涨、无大小头、无杂点、表面无明显刮伤等外观质量问题，且崩缺不大于1mm²，无连体崩缺。板件曲翘度和邻边垂直度符合加工标准要求。 3. 根据料单要求，确认来料基材类别，一般为刨花板（B）、中纤板（M）、夹板（P）和加厚板	外观质量检查
6. 首检确认	封边质量检查	1. 试封一件板，用拉尺确认铣刀加工正确，无铣大或铣小板件。 2. 确认板件无胶缝、无胶斑、无爆边，封边带无发白、端头不过长，表面无明显刮花，并且崩缺小于1mm²，无连体崩缺现象。 3. 填写首检记录表	填写首检表
7. 板件加工	放板  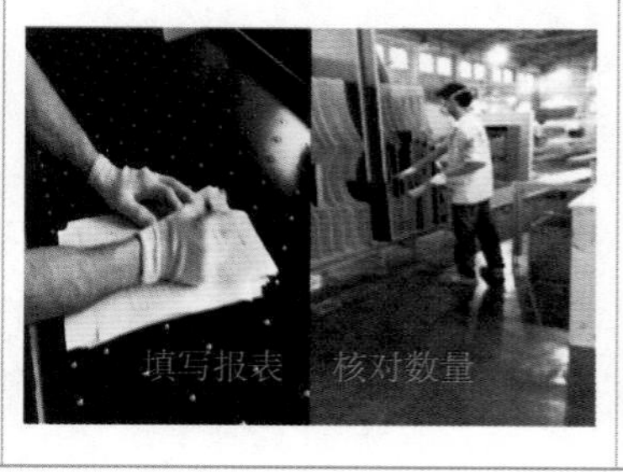 填写报表 核对数量	1. 确认首检封边正常后，开始正常封边加工。放入板件，左侧边平行紧靠机器上料挡板，放平靠稳后缓缓推进至跟踪轮处，完成放板。 2. 放板时注意板与板之间的前后间隔（如右图为经验数据，听到前面板件在机器中有“咔”的一声，就可以放下一件板了）。 3. 如标签上出现1112、1122数字编码，一般是表示封边要求，如1代表薄边、2代表厚边，封边条规格见《封边条规格及板件厚度对应表》；一般情况下，先封薄边，再封厚边，特殊板件以订单要求为准，工艺参考企业的柜体封边工艺规范。 4. 加工过程要对板件外观、尺寸进行抽检，直到把整个订单加工完毕。 5. 加工完成后，填写报表并在工分单上签名和写上日期。 6. 根据订单标注的数量，与封完边的板件数量核对。 7. 订单放置在周转盒隔层上。 8.封边完毕后，周转订单。周转时，盒子必须放置在周转车内	600～1000mm 板件间隔  板件抽检  订单转运

续表

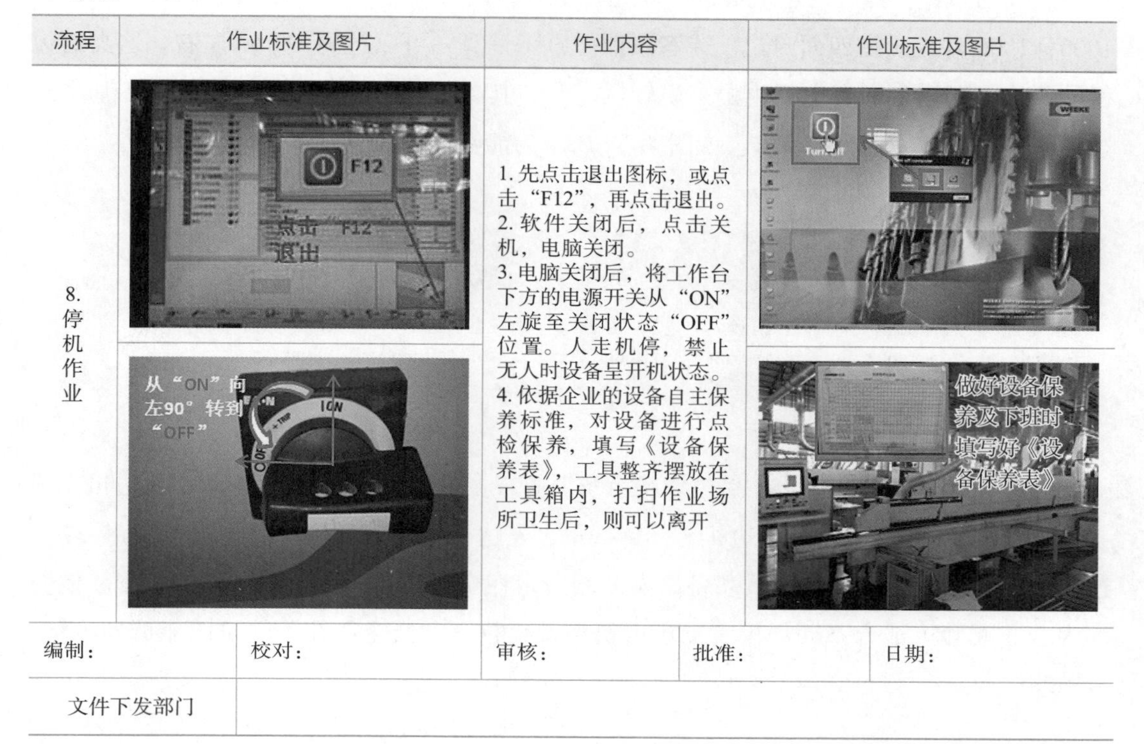

流程	作业标准及图片	作业内容	作业标准及图片
8.停机作业	点击“F12”退出 从“ON”向左90°转到“OFF”	1. 先点击退出图标，或点击“F12”，再点击退出。 2. 软件关闭后，点击关机，电脑关闭。 3. 电脑关闭后，将工作台下方的电源开关从“ON”左旋至关闭状态“OFF”位置。人走机停，禁止无人时设备呈开机状态。 4. 依据企业的设备自主保养标准，对设备进行点检保养，填写《设备保养表》，工具整齐摆放在工具箱内，打扫作业场所卫生后，则可以离开	做好设备保养及下班时填写好《设备保养表》

编制：	校对：	审核：	批准：	日期：
文件下发部门				

4.3 不同类型家具企业对封边设备的选择

家具产品千奇百态，用户也是千差万别，因此，家具企业也分很多不同的类型，除了按照生产主材不同分为实木家具企业、板式家具企业等之外，按照生产规模分类，来选择设备型号和投入资本比较合理。对板式家具生产企业，包括今天的板式定制家具企业，封边设备对企业而言应该是投入较大、对生产效率和产品质量影响很大的装备。如何正确选择经济、合理的设备尤为重要，下面就按照经济型生产线、专业型生产线和高效型生产线来探讨如何选择封边机。

4.3.1 经济型生产线家具企业封边设备选择

对于经济型生产线，其工厂的产量和场地需求都有一定的限制。一般来说，生产体量在年产 800 万元～1500 万元的定制家具厂属于经济型生产线的家具厂，这种经济型定制家具厂在进行板式定制柔性化生产线时，其厂房面积大约需要 1000m^2，才能满足柔性化生产线的布置。针对封边设备，可以选择小型的自动封边机，这类封边机其 8h 产量在 1000 ~ 1500 件板（指四面封边）或者按照平方米计算，可以达到 $180m^2$ 左右。这类封边机的价格相对重型和高速封边机来说较低一些。其封边机上的配置也比较简单，基本封边工序就能够满足生产的要求。如图 4–34 所示为能够满足该类要求的封边工序。

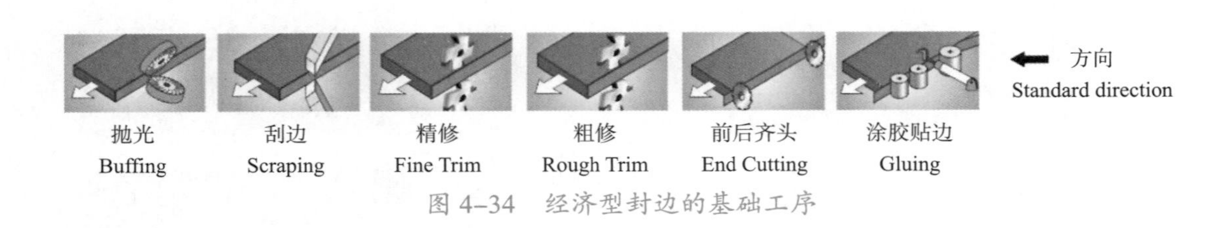

图 4–34 经济型封边的基础工序

对这类的封边机选择，在封边设备市场上有很多品牌，比如豪德 HD620 封边机（图 4–35）、豪德窄板 HD686J 封边机（图 4–36）、先达机械的 SDE–105 封边机（图 4–37），这些设备的生产厂家都是家具装备研发和制造走在全行业前列的公司，值得信赖。他们都为企业配套了适合不同规模和需求的机型及价格，方便企业在不同阶段能选到经济、适用的设备。

图 4–35 豪德 HD620 封边机

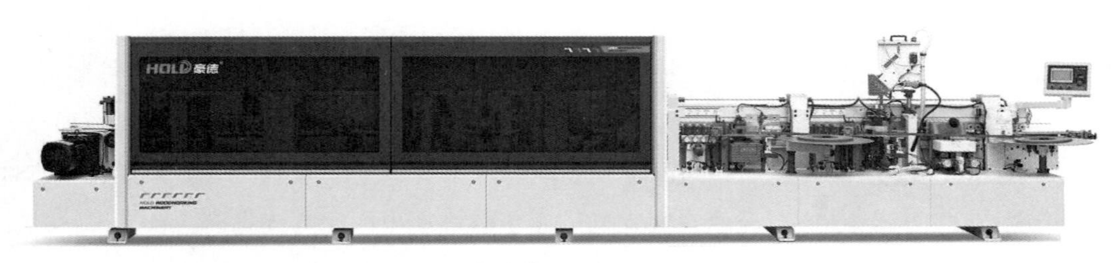

图 4–36 豪德窄板 HD686J 封边机

图 4-37 先达机械 SDE-105 封边机

4.3.2 专业型生产线家具企业封边设备选择

专业型生产线的生产体量比经济型生产线的体量要大，其生产体量大概在年产 1500 万元～3000 万元。对于专业型生产线的场地面积要达到 2000～3000m^2，8h 产量可达到 2000～2500 件板（指四面封边）。这类封边机的配置要求相对高一点，它对封边工序的基本功能选择如图 4-38 所示。

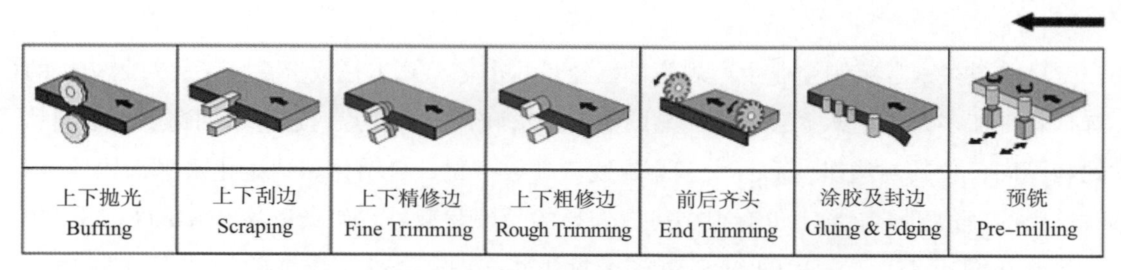

图 4-38 专业型封边的基础工序

对这类的封边机选择，在封边设备市场上可以选择的品牌型号有：如先达公司的 SDE-107 封边机（图 4-39）、豪德 HQ533J 封边机（图 4-40）等。

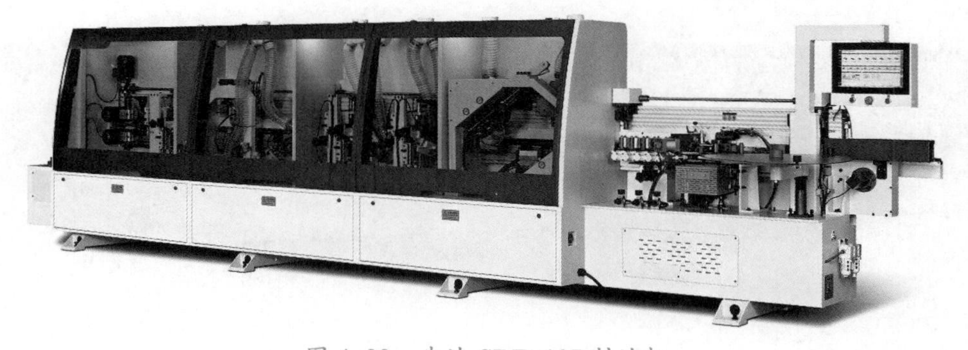

图 4-39 先达 SDE-107 封边机

图 4-40　豪德 HQ533J 封边机

4.3.3　高效型生产线家具企业封边设备选择

家具企业的生产体量达到年产 3000 万元之后，生产线才达到高效型。大型定制家具厂一般都是采用这种高效型生产线。高效型生产线对于生产设备性能、稳定性、速度和质量要求都高，设备价格自然也较高。这类封边机一个工作日（按照 8h 计）可以封边 3500～4500m。这类封边机的封边工序如图 4-41 所示。

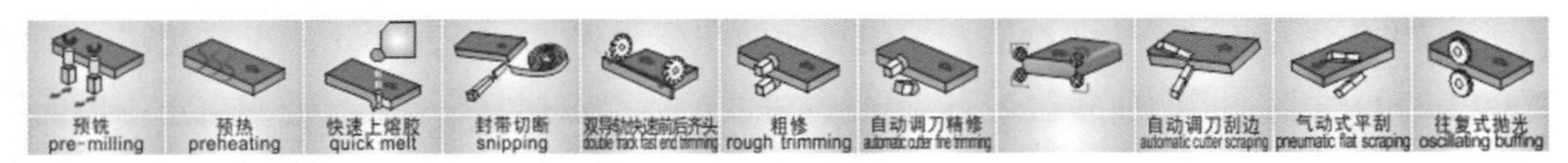

图 4-41　高效型封边的基础工序

目前很多家具定制企业生产规模都已经是几个亿、几十亿或上百亿了，对封边机的选择就更加多元，基本上会根据产品的不同要求和板件的特点，选择不同速度、不同品牌和不同价位的封边机，而且大多会连线，其数字化、自动化和智能化水平都比较高。对这类的封边机，市场上也有很多可以选择的品牌和型号，如豪迈的 EDGETEQ S-370 封边机（图 4-42）、先达的 SDE-209TA 封边机（图 4-43）、豪德的智能激光封边机 LASER S600（图 4-44）等。

随着消费升级，这几年激光封边机的使用越来越多，未来两三年会是一个激光封边

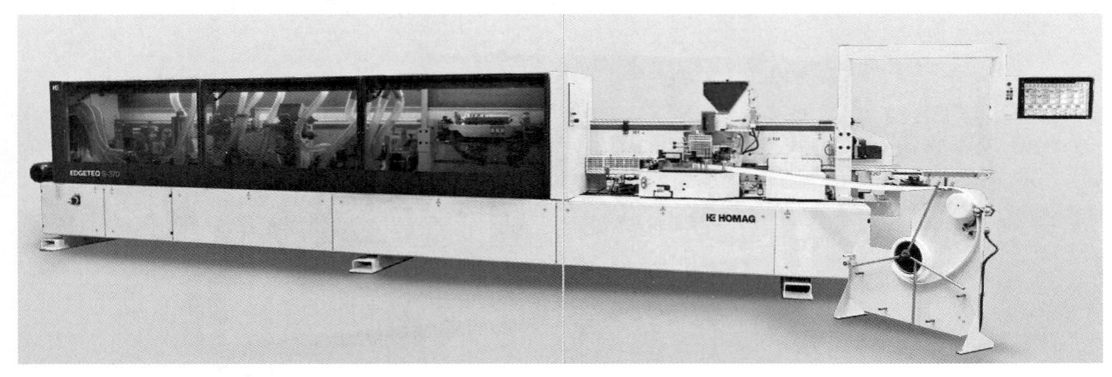

图 4-42　豪迈 EDGETEQ S-370 封边机

图 4-43　先达 SDE-209TA

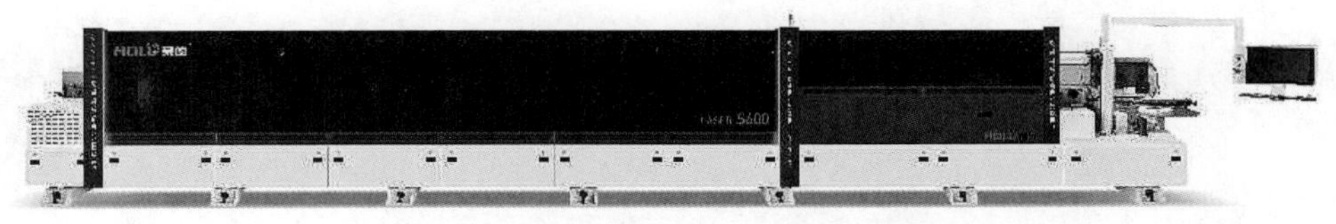

图 4-44　豪德智能激光封边机 LASER S600

爆发的阶段，国内的木工机械公司都已经摩拳擦掌，纷纷在研发和制造激光封边机，其中第一个吃螃蟹的国内木工设备企业就是佛山豪德数控机械有限公司，因为研发早，目前已经在大量销售整机了。

本章小结

本章主要阐述了在封边工序中的主要设备和不同定制家具企业对封边设备的选择。封边工序的设备主要是封边机，按其自动化程度有自动封边机和半自动封边、手动封边机；按其加工板件类型有直线封边机、直曲线封边机和软成型封边机。本章还阐述了封边机上不同刀具的使用功能和方法，以及设备管理方面的内容，如封边设备的使用规范、封边设备的维护和封边设备的作业指导书等，这些都是了解封边设备、用好设备、保证封边质量、延长设备寿命等非常重要的知识点，希望能重点关注。

对于封边设备的选择，本书假定的三种规模的板式定制家具企业在进行封边设备的配置时，按照可用、好用、够用或高速、高效、高质的原则，从而满足不同企业、不同市场和产品定位，实现价值最大化。至于这种分类，不一定很准确，只是希望企业根据自己的实际情况精准合理且经济地选择设备，仅供参考。

本章依然要说明，技术更替非常快，几乎不到半年就有新的设备型号出现，在某些技术点上就会有变化。本章内容仅作为一个背书，大家有了一些基础，就可以快速学习最新技术和设备的使用，培养举一反三的学习能力。

5 板式定制家具封边工序的生产管理

5.1－5.2－5.3－5.4

本章是很多写技术的书籍中很少涉及的内容。俗话说，三分技术，七分管理。技术固然重要，但即使再先进，都需要通过管理使得这些技术得到充分的应用和发挥价值。大多数家具企业都是弱在对生产力要素的管理水平上，导致低效、高成本和低质量。因此，本章就封边工序的生产管理做了较为详细的分析和阐述，对其他工序也可以举一反三，指导企业重视管理，用好技术，通过好的管理才能把技术的价值最大化。

5.1 封边工序的场地布置

生产车间布局是开始生产前的基础工作，其布置是否科学、好用、实用，直接影响生产效率、生产成本和管理复杂性，因此，在建厂、搬厂之前一定要做好车间布局规划。本节主要从车间布局的概述、封边工序车间布置设计与工序的人员配置三个方面对车间布局的内容进行了说明，为读者或用户在进行封边工序的场地布置时提供参考。

5.1.1 生产车间布局的概述

车间是生产性企业重要的组成单位之一，它是企业进行产品生产或其他业务活动的主要场所。企业主要的生产设备绝大部分均布置在车间内，生产工人也大部分在其中劳动，原材料、半成品及成品等均在其中流动。因此，车间设施如何布置，直接关系到企业生产过程各个要素能否很好地结合、企业的生产经营活动能否有效地进行。

封边工序生产车间的概述从生产车间设施布局的定义、生产车间设施布局的原则、生产车间设施布局的基本形式三个方面进行了阐述，使读者或用户在具体布局之前对布局的定义、原则和基本形式有一些了解，才不至于在后期具体布置的时候走弯路，造成不必要的损失。

5.1.1.1 生产车间设施布局的定义

车间设施布置就是按一定的原则，正确地确定车间内部各作业单位以及机台设备之间的相互位置，从而使它们组成一个有机整体，实现车间的具体功能和任务。目标在于协调生产，减少不合理的生产物流，提高企业生产运作效率。

5.1.1.2 生产车间设施布局的原则

①尽可能按照生产过程的流向和工艺顺序布置设备，尽量使加工对象加工过程中呈直线流动，并使加工路线最短，同时应避免生产对象的倒流。

②要有利于最小物流成本。实现“把规定的物料，按规定的数量，在规定的时间，按规定的顺序，完好无损地送到规定的地点，安放在规定的位置上”。

③便于运输，充分发挥运输工具的作用。大型的加工设备应尽可能布置在有桥式吊车的场地里，加工大型零件或长棒料的设备应布置在靠近车间入口处。

④尽可能为工人创造安全、良好的工作环境。

⑤考虑工人的作业方便，设备及工作地之间应留有必要的工人走动、操作及放置工具、图纸、工位器具的地方。多设备看管时，应使工人在设备与设备之间的走动距离最短。

⑥充分合理地利用车间的面积。在一个空间内，可因地制宜地将设备排列成纵向的、横向的或斜角的，不要剩下不好利用的面积。

⑦充分考虑机台的精度和工作特点，精加工设备尽可能布置在光线充足和震动影响小的地方。

⑧考虑各种事故状态下的应急安全措施，并为今后发展和布置变更留有余地。

5.1.1.3 生产车间设施布局的基本形式

（1）产品原则布置

产品原则布置也称为流水线布置或对象原则布置。当产品品种很少而生产数量又很多时，应按产品的加工工艺过程顺序配置设备，形成流水线生产，这是大量生产中典型的设备布置方式。由于产品原则布置是按加工、装配工艺过程顺序配置各道工序所需设备、人员及物料，因此，能最大限度地满足固定品种、产品的生产过程对空间和时间的客观要求，生产效率非常高，单件产品生产成本低，但生产适应性即柔性差，适用于少品种大量生产。

（2）工艺原则布置

工艺原则布置的特点是把同种类型的设备和人员集中布置在一个地方，如车床工段、铣床工段等，就是分别把车床、铣床等集中布置在一个地方。这种布置方式便于调整设备和人员，容易适应产品的变化，生产系统的柔性大大增加，通常适用于单件生产。

（3）成组原则布置

成组原则布置又称为混合原则布置。在产品品种较多，每种产品的产量又是中等偏下时，将工件按其外形与加工工艺的相似性进行编码分组，同组零件用相近的工艺进行加工。同时，将设备成组布置，即把使用频率高的机器群按照工艺过程顺序组合成成组制造单元，整个生产系统由数个成组制造单元构成。这种布置方式既有流水生产效率，又有集群式布置的柔性，可以提高设备开动率，减少物流量及加工时间。原则布置适用于多品种、中小批量的生产类型。如工厂里专门生产各种家具腿的零部件的制造单元、专门生产抽屉的制造单元、专门贴木皮的制造单元、专门做铝合金移门的制造单元，都是基于成组原则的布置。

（4）固定工位式布置

产品固定工位式布置适用于大型设备，如飞机、轮船的制造过程。产品固定在一个位置上，所需设备、人员、物料均围绕产品布置，这种布置方式在一般生产企业很少应用。

5.1.2 封边工序场地布置设计

封边工序场地布置的设计包括布置方式的设计和封边工序场地的区域划分。

5.1.2.1 封边工序场地的布置方式

封边工序场地的布置跟公司规划的产能、场地条件、封边机的选型、生产模式、信息化和智能化程度及工作时间等很多因素有关系。下面介绍几种封边工序的场地布置类型。

（1）直线形布置

直线形封边工序场地布置是把封边机板件的进料口和出料口形成一条直线，这种场地布置是企业常见的布置方式，可放置一台直线封边机，也可以放置两台直线封边机，如图 5-1 所示为放置两台直线封边机形成直线形的封边工序场地布置。

直线形布置具有以下特点：

①便于物料搬运。

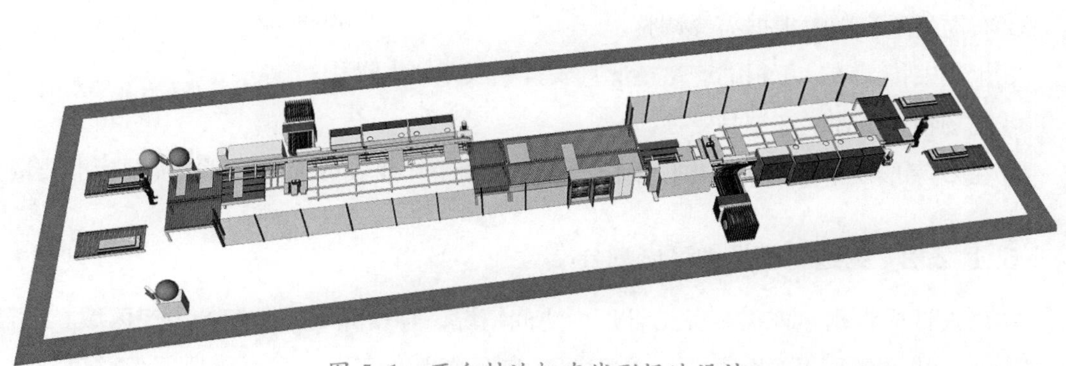

图 5–1　两台封边机直线形场地设计

②便于信息流的畅通无阻。

③生产线为一条线，产品从原材料到成品可以实现一个流，避免了不必要的搬运。

④管理相对简单。

⑤生产线柔性差，产品设计的局部改动将引起生产线的重大调整。

直线形布置的适用范围：直线形是最简单的一种流动模式，入口与出口位置相对，建筑物只有一跨，外形为长方形，设备沿通道两侧布置。

（2）U 字形布置

U 字形场地布置是依逆时针方向按照加工顺序来排列生产线，其形状类似于英文字母 U，板件的进料端和出料端在同一个位置方向。在 U 字形的场地布置中，需要两台或两台以上的直线封边机，如图 5–2 所示。

封边工序 U 字形布置具有以下特点：

①从一端进入，经过所有工位，从另一端流出，清晰明了。

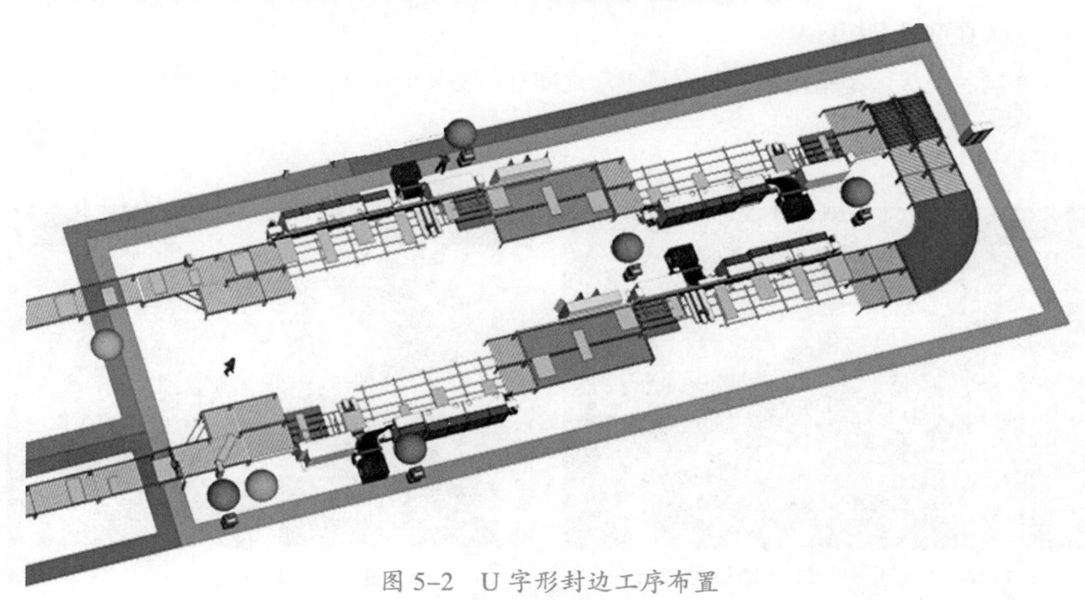

图 5–2　U 字形封边工序布置

②布局灵活，随时根据需要调整。

③生产安排灵活，可根据产量情况，安排一人或多人操作。

④现场物料受控，在制品受控。

⑤在U字形线中，入口及出口工作通常由同一个作业人员承担，可以控制标准数量。

5.1.2.2 封边工序场地区域划分

布局设计应根据生产需要并结合厂内空间情况，预留并划分一定的生产区域。结合车间大小、生产需要及环境情况，合理调整和布置生产区域，尽可能地保证通道畅通，减少非作业区域，并提高各区域的利用率，是现场管理的重要内容之一。板式家具封边工序生产现场的区域一般包括以下几类区域。

（1）原辅材料暂存区

原辅材料暂存区用于临时存放车间已经领取或已经送达的待用材料，如封边条、热熔胶、清洁剂等，并应靠近作业区布置。较大物料设专门暂存区，较小且贵重的材料宜设置储存柜。如图5–3所示为封边带的摆放。

（2）现场办公区

封边工序现场办公空间、办公桌椅所在的区域，包括黑板报和简单的劳保用品在内。一般现场办公区就围绕设备展开，主要以一些看板为主，固定办公的情况比较少。

（3）作业区

作业区是指直接从事生产作业的场所，是放置加工设备、作业台和员工进行生产操作的区域。为了便于拿取和操作方便，在制品和工具应靠近作业区布置，如图5–4所示。

（4）在制品交接区

在制品交接区是指用于临时存放工序之间等待交接的半成品的区域，如图5–5所示。

图5–3 封边生产区域原辅材料暂存区

图5–4 封边作业区

（5）检验区

检验区是指用于对工序完成品进行质量和数量检验的区域，可以细分为待检验品区、合格品区、不良品区和返修件区。

（6）通道

通道是指车间内运送物料的道路及人行道，主通道一般为 2 ~ 4m，次通道一般为 1.5 ~ 2.5m，如图 5-6 所示。

图 5-5 在制品交接区

图 5-6 封边工序的通道

5.1.3 封边工序的人员配置

封边工序的人员配置与封边工序的封边设备、布局设计和自动化程度高低都有关系。合理的人员配置能够提高生产的效率，减少人工成本的浪费，对工厂的管理、效率的提升都有极大的作用。

5.1.3.1 曲线封边工序的人员配置

从前文可知，由于封边类型和封边工艺的不同，所使用的封边设备也不同，因此，不同类型的封边设备其人员配置也有区别。对于进行曲线工艺的板件，使用的是曲线封边机，一般只有一个固定的主机手，他一般能够完成绝大部分曲线板件的曲线封边；对于幅面较大的板件，还需要配备一个副手辅助完成。当工厂的曲线封边任务量通常都不大时，就不用固定一个员工从事曲线封边，需要时安排操作直线封边机的操作手就可以完成。

5.1.3.2 直线封边工序的人员配置

直线封边工序是定制家具企业最基础的工序，对于直线封边工序的人员配置基于直线封边工序的布局和封边机数量来决定。一般来说，一台直线封边机需要配备 2 个人员，一个主机手进行放板，一个副手在封边机一侧接板。对于不同类型的封边机其配置的人员也不一样，直线封边工序的封边生产线摆放有如下几种类型：单机回转封边机生产线、双端封边机生产线和左右向封边机生产线。

（1）单机回转封边机生产线

单机回转封边机生产线只有一台封边机，通过旋转流水线布置实现板件回转，对板件进行多个边的封边。单机回转封边生产线如图 5-7 所示。

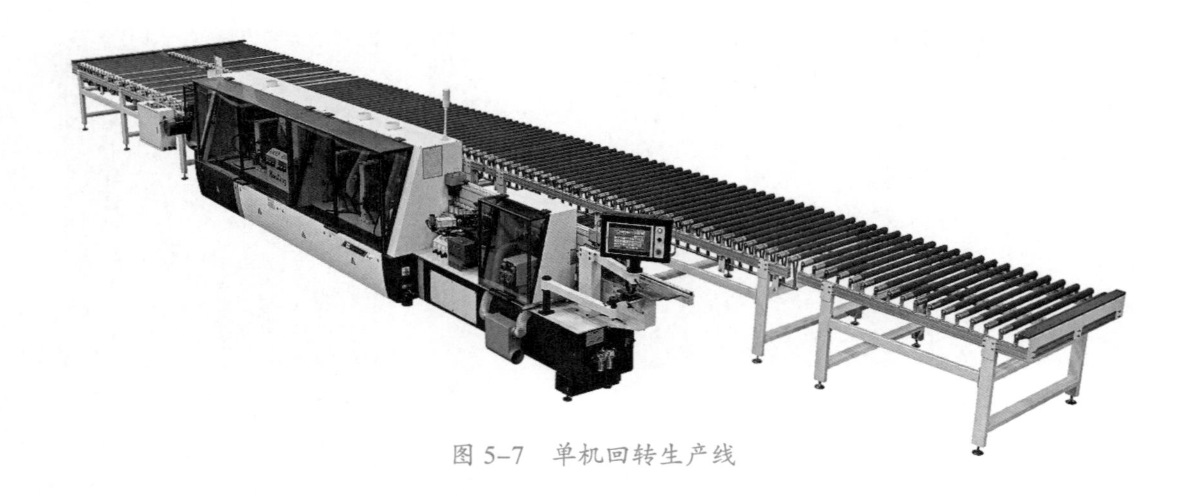

图 5-7　单机回转生产线

单机回转生产线主要是将已封边的板料送回至封边机起点，这条封边机生产线只需要一个主机手就能够完成封边工序，节省人工，提高效率。

（2）双端封边机生产线

双端封边机生产线的封边设备需要的是双端封边机，通过增加双端封边机的数量，可以完成板件四面封边，如图 5-8 所示。

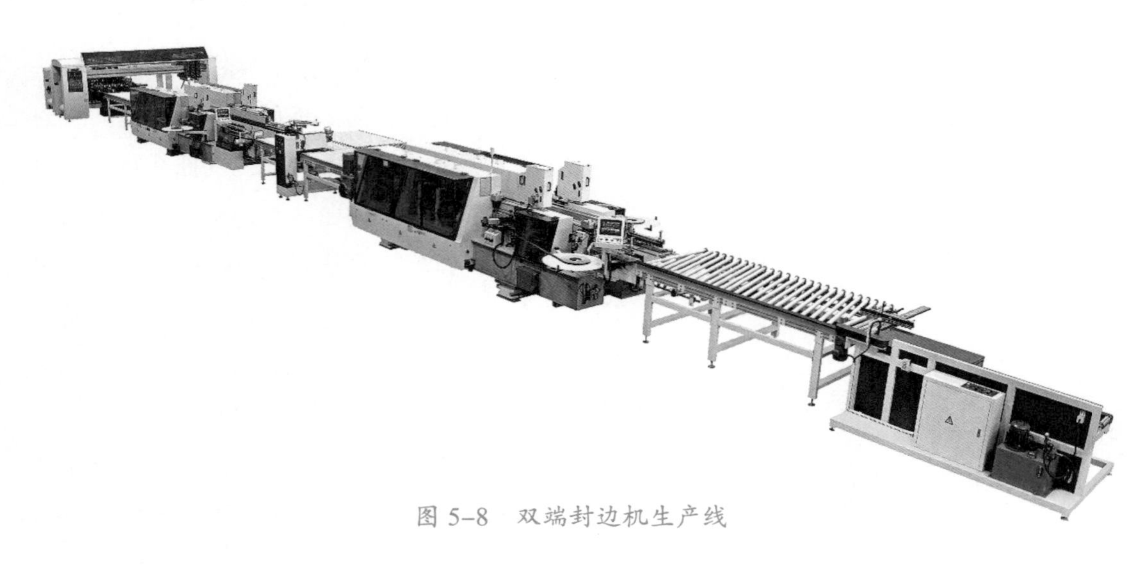

图 5-8　双端封边机生产线

全自动双端封边机采用自动上料机、输送台、1 号双端封、转向机、2 号双端封、输送台、排钻组合（十排钻+六排钻）、排钻下料机等。可实现工件的四边封边、板材打孔，是板式衣柜、橱柜等大批量生产的理想选择。对于这类封边机，生产线就需要至少配置 2 个人员完成整个封边工序。

（3）左右向封边机生产线

左右向封边机生产线是在一条直线生产线上左右摆放不同向的直线封边机，如图 5-9 所示。

图 5-9　左右向封边机生产线

此生产线包括自动上料机、输送台、自动靠边装置、左向封边机、复合输送台、自动靠边装置、右向封边机、自动下料机等设备。此生产线能同时完成板件的两个相对边封边，该解决方案具有提高家具厂的效率和节省人工等特点。这种封边机生产线和双端封边机生产线一样，至少需要配置 2 个人员才能完成封边工序。

5.2　封边工序过程质量控制

只有好的过程，才可能有好的结果。生产过程的质量控制是整个经营质量控制的重要组成部分，是稳定提高产品质量的关键环节，是企业建立质量体系的基础。生产过程中的质量控制是指在生产过程中为确保产品质量而进行的各种活动，尤其以工序过程质量控制更为重要。

5.2.1 工序质量控制的概述

家具产业的发展真可以用日新月异来形容，无论是设计、制造、装备，还是销售方式与渠道，都随着互联网技术、数字化技术和人工智能等新技术的高速发展而快速变化着。同时，也正在改变消费观念和消费渠道，以客户为中心的发展模式已经成为市场的主流。随着消费升级，消费者对企业的质量管理水平、产品质量和服务质量也有了更高的要求。

工序质量是指当前工序的输出符合规定质量要求的程度。其包括两部分内容：本工序的产品质量特性的符合程度；本工序对下工序影响因素的符合程度。

工序质量控制是利用各种方法和统计工具判断和消除系统因素所造成的质量波动，以保证工序质量的波动限制在要求的界限内。一般常用控制图、直方图、主次因素图、相关图等统计图表反映质量变异情况。

对于生产企业，如家具生产企业，工序种类繁多，影响工序的因素也非常复杂，因此，工序质量控制所需要的工具和方法必然是多种多样。质量管理人员应根据各工序特点，选定既经济又有效的控制方法，避免生搬硬套。

企业在生产中常采用以下三种方法对工序质量进行控制：一是自控；二是工序质量控制点；三是工序诊断调节法。

5.2.1.1 自控

自控是操作者通过自检得到数据后，将数据与产品图纸和技术要求相对比，根据数据来判定合格程度，作出是否调整的判断。操作者的自控是调动工人做好产品质量、主动实施工序质量控制、确保产品质量的一种有效方法。自控，在企业的做法，其实就是自检，这是生产过程质量控制最重要的一个关口。

5.2.1.2 工序质量控制点

工序质量控制点，就是监视日常工序质量的波动，检测主导因素的变化，调整主导工序因素的水平，通过监视工序能力波动得到主导工序因素变化的信息，然后检测各主导工序因素，对异常变化的主导因素及时进行调整，使工序处于持续稳定的加工状态。如影响封边质量的主导因素会是封边机、板材、封边带和胶黏剂等；对于不是全自动的封边机，主导因素也许还有人工；对于连线的自动封边线，其主导因素也许就是信息传输、设备和板件。不同的生产模式，其主导因素也不同。因此，必须因地制宜，根据生产的模式不同，设定不同的数据采集系统，分别采集主导因素的数据，达到控制工序质量的目的。

5.2.1.3 工序诊断调节法

工序诊断调节法，就是按一定的间隔取样，通过样本观测值的分析和判断，尽快发现异常，找出原因，采取措施，使工序恢复正常的质量控制方法。尽快发现工序状态异常，就是所谓的工序诊断；寻找原因，采取对策，使工序恢复正常，就是所谓的工序调节。工序诊断调节法，适用于机械化和自动化水平高的生产过程。目前，定制家具企业，大多都是通过在线的生产数据自动地对工序进行诊断，然后通过人工对影响因素进行调节达到正常。

5.2.2 家具工序质量控制形式与方法

5.2.2.1 工序质量控制的形式

工序控制系统包括“传感器”和“执行器”两个部分。“传感器”是指检测评价产品事物质量的手段，这手段可能是生产工人、检验员或自动化仪表等。据此，可将工序控制分为人工、半自动和自动化三种形式。

（1）人工工序控制

家具、机械、电子、纺织等装配性工业企业，当工序自动化程度低，生产属于多品种、小批量轮番生产或小品种大批量生产时，工序控制方式是由操作者自身对工序质量特性和工序要素，应用一定检测手段检测，并根据检测结果进行判断和调整。其特点是操作工人既是“传感器”又是“执行器”。通常，对关键质量特性和支配性工序要素建立工序质量控制点，运用必要控制方法实施控制。这种控制形式是家具行业最常采用的一种形式，符合家具的生产特征，特别是木质家具生产企业，装配性生产无处不在，即使是目前最先进的定制家具企业，最后1km的安装，就是典型的装配性生产活动。

（2）半自动化工序控制形式

如石油、化工、医药等装置性工业企业，品种少、产量大，工艺属于连续流程性质，工序自动化程度高，一套装置固定生产一种或几种产品。工序质量特性或工序要素常采用仪表自动检测和记录检测的信息自动反馈或人工反馈，若偏离标准，则由操作者自行调整。控制的特点是“传感器”为自动化仪表，“执行器”为操作者，体现了自动化与人工调整相结合。为了控制重点工序质量特性，这种控制形式也设置重点工序质量控制点。有些家具生产可采用这种形式，如金属家具，特别是国外金属家具的生产，基本上是半自动化工序控制形式。板式定制家具生产也在朝着这个方向发展。

（3）自动化工序控制形式

对品种单一、工序自动化程度高的专业化生产，常用这种形式。特点是应用自动化仪表、设备和计算机对工序质量特性或工序要素进行在线自动检测、自动反馈、自动补偿调整。如电子工业的自动插件机、机械工业的加工中心、化工工业的自动化装置，都属于这种形式。控制的重点是“软件”程序和执行检测、调整的自动化机构。

5.2.2.2 工序质量控制的方法

工序质量控制的方法多种多样，休哈顿创立的工序控制图法，在工序质量控制中发挥着重要的作用，他是以数理统计理论为基础的控制图法，在现在的家具生产中，仍适用并发挥着重大的作用。在此基础上发展了上百种工序控制方法，如工序能力分析法、工序诊断调节法、自适用过滤法、估计样本离差法及控制图法等。

工序质量控制方法有多种，适用的条件、场所也不同，因此，针对企业实际情况，确定适宜的方式与方法是家具工序质量控制的关键。

在所有的工业产品工序质量控制中，具有代表性的统计质量控制方法有以下几种：

（1）工序能力分析法

作为常用数理统计方法的一种，工序能力分析法是判断工序质量是否合乎技术要求的基本方法之一，对应不同的技术要求就有不同的评价计算方法。家具行业生产是多品种的家具生产企业，同时，每一种产品又由很多道工序组成，逐一进行计算，工作量庞大，真正使用还需与具体实情结合起来，如使用模块、计算机统计和计算等辅助技术。

工序质量控制的目的并不是一味追求产品的高质量，如何有效控制生产投入、确定一个合理的工序质量水平、取得最佳经济效益，同样是工序质量控制的重要内容。

（2）控制图法

自1924年美国贝尔实验室工程师休哈顿创立工序控制图法至今，控制图的理论与技术已经有了长足的发展和进步，如累积和控制图、区域控制图、预控图、通用控制图等。另外，在田口理论基础上提出了田口控制图。自20世纪80年代以来，控制图技术被西方各国作为质量控制的重要手段之一。目前，我国有学者提出了多元逐步理论及两种质量多元诊断理论，解决了多工序、多指标系统的质量控制诊断问题。

在先进的制造环境下，生产方式发生了由大批量生产转为多品种、小批量生产的变化，这也是目前家具生产的新变化，称为柔性制造。这种变化有可能使控制图所依据的大样本条件的理论依据发生背离。由于多品种、小批量生产，在相同情况下加工同一规格的零件数目有限，如果直接按传统的统计过程控制（SPC，Statistical Process Control）方法，仅把监视的对象着眼于零件的加工质量特征上，则很难保证统计所需的样本容量。如果把统计监控的对象着眼于工序，则通过控制工序的质量来达到控制零件加工质量的目的。

5.2.3　封边工序质量控制过程

影响封边工序质量的因素很多，主要包括：加工板件边部的质量和尺寸、封边机的封边速度、零部件切削面的质量、封边材料、封边所用的胶黏剂、裁板后封边之前的零部件放置时间等。

5.2.3.1　加工板件的宽度尺寸对封边质量的影响

封边质量一个最显著、最常见的质量问题是基材的崩边导致封边质量问题，这个问题有两方面的来源：一是上道开料工序产生的板件崩边问题比较普遍，但由于检查不严，就直接流到了封边工序，造成了封边条无法封住在板件上下两条边的崩口，造成了质量问题；其次是封边过程中，在规方预铣的加工中，由于板件没有得到很好压紧，或因刀具不够锋利，或板材颗粒比较大，并且疏松，都会造成崩口、崩边，造成后续的封边无法完全能封住另外维度（水平面）的缺陷，产生质量问题。因此，即使板材没有质量问题，板件尺寸、开料质量、封边速度等都是影响崩边的主要因素。

板件的尺寸对封边质量造成的影响主要体现在板件的宽度上，而板件的长度对封边质量没有影响，下面通过一个试验数据说明板件宽度与封边之间的关系。板件的长度和宽度定义如图 5-10 所示，与封边机垂直方向的边长定义为板件宽度，与封边机平行方向的边长定义为板件长度。

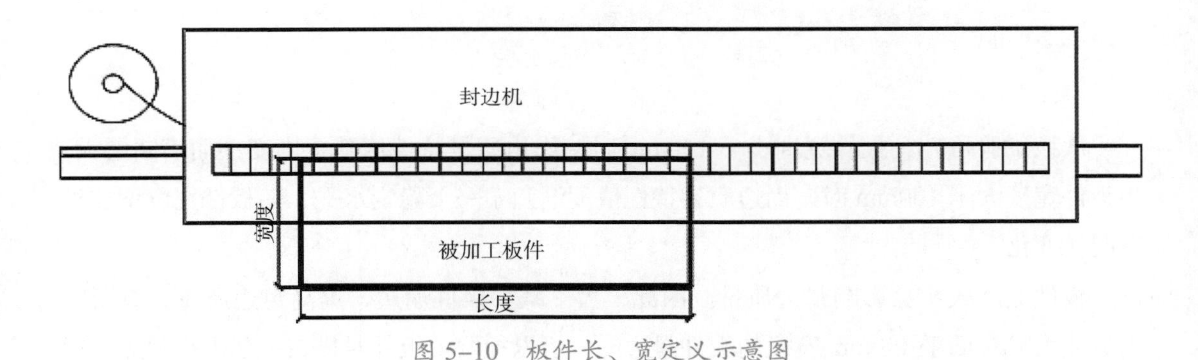

图 5-10　板件长、宽定义示意图

研究方法：尽可能选择长度相当的板件，设定封边速度为规定值 24m/min，封边机的传送带宽度为 75mm。在统计崩边数量上，只统计板件长边的崩边数量，试验的统计结果见表 5-1。

表 5-1　板件宽度与封边关系数据表

序号	名称	规格 /mm	封边条规格 /mm	封边形式	块数 / 块	长边总长度 /m	崩边数 / 个	转换为每 10m 个数 / 个
1	滑轮板	311 × 58 × 18	1 × 22	1 长 2 短	20	6.22	5	8.0
2	抽尾板	317 × 76 × 16	1 × 20	2 长	60	38.04	16	4.2
3	抽面板	395 × 126 × 16	1 × 22	4 边	40	31.6	7	2.2
4	抽面板	395 × 298 × 16	1 × 22	4 边	20	15.8	4	2.5
5	底板	376 × 367 × 18	1 × 20	1 长	20	7.52	2	2.7

将表 5-1 的数据输入 Excel，得出板件宽度与崩边数量关系趋势图，如图 5-11 所示。

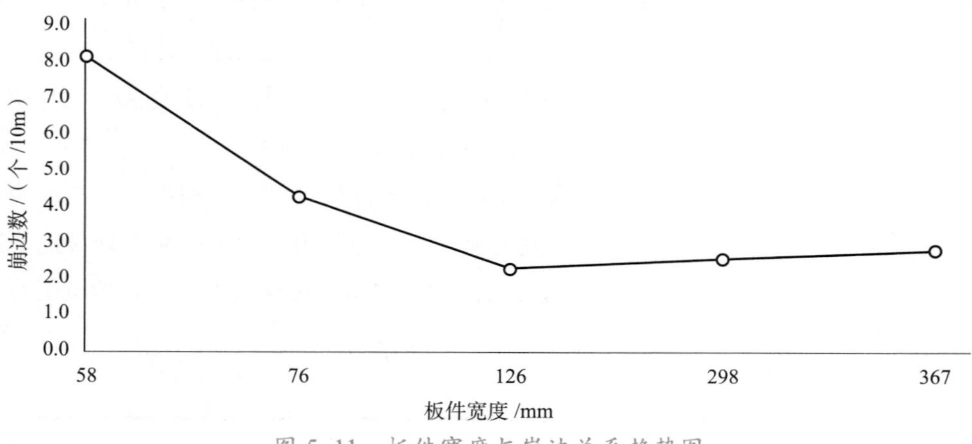

图 5-11　板件宽度与崩边关系趋势图

从该试验可知：板件宽度小于 100mm 时，崩边质量特性值随宽度变小而不断增大。当板件宽度大于 100mm 时，崩边质量特性值逐渐归于一个稳定水平，随板件宽度增加没有明显变化。

板件宽度大小会影响封边质量。因此，为了减少板件崩边，提高封边质量，有研究人员认为在对低于 100mm 宽度的板件封边时，可以把两个板件对拼在一起进行封边；适当压缩上下两个传送履带的距离，加大夹持力度。笔者认为，这并不能真正解决问题，关键还是要用专业封窄板的封边机，要依靠技术和装备解决问题，而不是靠人的操作。

5.2.3.2　封边速度对封边影响

基于企业对效率的高度追求，目前的封边速度越来越快。但其实所谓的高速封边机，也都是通过大量的实践和测算获得封边的运行速度，本质上是不会影响封边质量的。

只是设备的运行速度快了，对材料的质量和稳定性要求更高，才能保证在连续生产的过程中保持稳定的封边质量。如板材本身就有很多问题，如厚度偏差太大、含水率太高等，以及开料质量不好，很多崩口情况，后期的封边也无法有好的质量。

因此，对于连续式生产的企业，一定要加强供应链的管理，加强生产前的材料检验，加强每道工序的设备维护、刀具管理和物料运输等，无论采取低速还是高速封边设备，封边质量都不会有什么影响。目前，市场上多采用高速封边机，在保证质量的前提下提高效率才是企业追求的目标。

5.2.3.3 封边胶黏剂对封边质量的影响

封边胶黏剂是封边工序的重要物料，不同品牌、不同组分的胶黏剂其封边效果也不一样。热熔胶的熔胶温度、涂胶温度、涂胶量和压带轮压力对封边质量都有影响。目前，设备在这些方面都很智能，其参数调整都比较精准，封边质量比较稳定。

管理封边工序时，要考虑不同季节气温对热熔胶的影响。在夏季，封边工艺参数中熔胶温度宜设置为 170～190℃，涂胶温度宜设置为 180～200℃；秋冬季，熔胶温度宜设置为 180～195℃，涂胶温度宜设置为 190～210℃。压带轮压力宜设置为 0.3～0.6MPa。对饰面中纤板进行封边时，涂胶量宜设置≥185g/m^2；对饰面刨花板进行封边时，涂胶量宜设置≥220g/m^2。

5.2.3.4 裁板后封边之前的零部件放置时间对质量影响

在实际的定制家具生产中，板材裁切后板件不一定立即进行封边处理，连续式生产的，就立即通过传送装置转至封边工序。不是连续生产的，一般都会停留一段时间，再进行封边。停留时间长短根据企业管理的水平确定，管理水平高的，间隔可能在半小时。至于裁完板，板件摆放多少时间为好？南京林业大学祁忆青老师在她的一篇研究论文《家具板件裁板后摆放时间对封边质量的影响》（2007 年 9 月《中国人造板》发表）中比较详细地研究了封边前板件放置时间与封边条的剥离强度之间的关系。其结论为：通过试验结果的分析，裁板后封边之前零部件放置的时间对封边质量的影响有较大的影响，其具体表现为采用软质材料，也就是类似于塑料的材料封边，裁板后摆放时间小于 1 天时，其封边强度随摆放时间延长而增大，在摆放时间为 1 天时，剥离强度达到最大，摆放时间超过 1 天，封边强度随摆放时间的延长而降低，摆放 10 天后，封边强度值趋于稳定。

基于以上研究结果，板式定制家具企业在设计工艺流程时，可以考虑裁板后摆放时间对封边质量的影响。

实际操作中，裁切好的工件不可能在工序之间停留几个小时，更别说一天两天了。

板式家具的优势在于生产效率高、生产速度快、生产周期短，而且随着装备、各种辅助材料和信息化的生产控制系统的普遍应用，目前很多生产线都是连续式生产，而且胶黏剂的性能和封边设备的很多功能都能够在连续生产的情况下保证封边质量和其他加工质量。

5.3 封边工序与上下工序的均衡

任何一项生产活动都不是孤立的，都是由若干个工序按照一定的生产工艺和生产要求组合到一起实现生产的，它们之间的均衡非常重要，否则就会造成资源浪费、生产低效，整个生产因失去平衡而造成混乱。本节由三方面内容组成，即工序均衡的概念、封边工序与上下工序的配合以及如何完成封边工序与上下工序的均衡。

5.3.1 工序均衡的概念

工序也称“作业”，指一个工人或一组工人在一个工地上对一个或几个劳动对象所完成的连续生产活动。当不同工种的工人顺序地对固定不动的劳动对象进行生产活动时，每个工人或每组工人的活动，一般称为一道工序。如果超出一个工作地的范围，就算作另一道工序。

工序按其性质可分为：工艺工序、检验工序和运输工序。

（1）工艺工序

工艺工序指工人利用劳动工具改变劳动对象的形状、大小、位置、表面状况或成分即物理或化学属性，使之成为工业产品的过程。

（2）检验工序

检验工序指对原材料、半成品和成品等的质量进行检验的过程。

（3）运输工序

运输工序即在工艺工序之间、工艺工序和检验工序之间运送劳动对象的工序。

工序是组成生产过程的基本单位。工序的划分主要取决于生产技术的客观要求，同时也考虑劳动分工和提高劳动生产率的要求。工序的进一步划分便是工步。工步指工序中在加工表面、切削刀具和切削用量中的转速和进给量都保持不变的条件下所完成的那一部分工艺活动。在一个工序中，往往采用不同的切削刀具和切削用量对不同的劳动对象的表面进行加工，而将工序分解为工步，有助于对比较复杂的工序进行分析研究。正确确定工序，有利于合理组织生产活动，提高劳动效率。

工序均衡也指生产线平衡，在制造行业中的生产线一般都是将所有工序进行细分化，形成多工序、流水化、连续作业的生产线，从集中作业到分工作业，简化了作业难度，提高了一线操作员的作业熟练度，从而提高了装配生产线的作业效率。然而，作业流程经过了这样的细分化之后，生产作业时间必然会出现理论计算和现实测量上的差异，工序和工序之间必然会增加一些工具运输时间，同时，出现工序间作业负荷不均衡的现象，导致作业内容较多的工序无法按时完成固有的生产任务，负荷较低的工序却经常停工待料。这种情况不仅会造成无谓的工时损失，还会造成大量的工件堆积滞留，更严重则会造成生产线链条中断，这就是所谓的生产线平衡问题。

生产线平衡就是平衡生产线的作业时间以及作业效率，包括人、设备，最终使作业人员不等工，作业设备不停工，各个工位作业时间均衡化，作业符合均衡化的方法和体系。

生产线平衡的目的在于缩短时间，提高质量，降低成本，增大利润。均衡生产，调整工序和工艺流程，适当进行工位的合并和拆分，有助于减少生产节拍，从而缩短生产作业总工时；建立健康的生产秩序和均衡管理秩序，保证生产线能够安全生产以及最终的产品质量；均衡生产能够保证工序分布合理化，能够节约物资消耗，减少在制品，提高暂存区利用率，加速流动资金的周转，从而降低生产成本；实现单元化生产，可以提高整个生产系统的柔性度，同时，提高生产线作业员工应变能力以及全员的综合素质。

5.3.2 封边工序上下工序的配合

封边工序上下工序的配合是指封边工序与开料工序和钻孔铣型工序的相互配合，开料工序是封边的前一道工序，钻孔铣型工序是封边的下一道工序，这三大工序构成了定制板式家具制造技术的生产流程，也是板式制造技术的核心工序。三大工序的相互配合，配合的程度高低是衡量该生产线甚至是该企业的制造能力、技术能力和管理能力的重要指标。

实现封边工序上下工序的完美配合，可以从硬件设施和软件设施两个方面，其中硬件设施包括生产设备的配置和搬运设备，软件设施包括软件系统配置和数据库系统配置。

5.3.2.1 工序生产设备的配置

为了达到封边工序与上下工序的高度配合，企业应该在合理规划产品结构的基础上，充分分析各个工序上设备的加工性能和特点，优化使用设备，充分发挥每一台设备的最大效能，提高设备的利用率。

板式定制家具的封边工序依然是以直线封边为主，根据企业的生产规模和生产平衡，需要配置适当数量的全自动封边机。在这个基础上，要满足封边工序直线封边机的产能，在封边工序的上道工序开料工序就需要配置对应数量的电子开料锯，下道工序的钻孔铣型需要配置对应数量的数控钻床。根据封边方式的不同，需要合理安排不同类型的板件在不同类型的封边机上进行加工。另外，为了满足曲线封边的要求，封边工序还需要配置曲线封边机或者手工封边机；同时，为了配合生产过程中小零件、补板等，开料工序还需要配置推台锯，与电子开料锯配合使用；钻孔和铣型工序根据板件的标准化，可配置多排钻，与数控钻配合使用。

5.3.2.2 搬运设备的配置

每一个工序都需要自己的作业区域，板件在不同作业区域的流转需要进行搬运和运输，因此，搬运设备是串联起封边工序与上下工序之间配合的纽带。减少搬运的浪费，提高工序之间的快速流转是精益生产中的一个很重要的内容，减少搬运浪费能够提高封边工序的效率和产能。在工序的流转搬运中，可配置无动力滚筒输送带，实现物料的堆积输送，提升在线产品质量，降低人工搬运导致的破损率升高等问题，提高工序交付合格率，有效优化生产线流程，节省场地。工序之间的无动力滚筒输送带如图 5–12 所示。

图 5–12　无动力滚筒输送带

5.3.2.3 数据系统配置

板式定制家具工序的设备绝大部分是数控设备，设备的加工离不开软件系统的驱动，实现封边工序上下工序的有效配合，需要科学合理选择设计管理软件，好的软件系统配置能够准确快速地传递工序间的信息，实现无纸高效的生产制造现场。

数控设备生产过程中，编程过程占用了大量的准备时间。为了减少数控设备在加工过程中的准备时间，最大程度发挥数控设备的加工柔性，提高设备的利用率，企业在选择专业软件的同时，必须考虑系统的集成。不仅能生成零部件加工数控程序，而且降低了对操作人员的要求，从而避免人为的错误，降低成本，提高生产效率。

在封边工序与上下工序配合实现智能自动生产的智能数字化生产体系中，不可忽视的一个信息点就是板件的标签，如图 5–13 所示。板件的标签是智能封边技术中设备的灵魂，是实现工序之间无缝连接配合的纽带。

智能封边技术中，数据信息流在封边工序中的流转如图 5–14 所示。

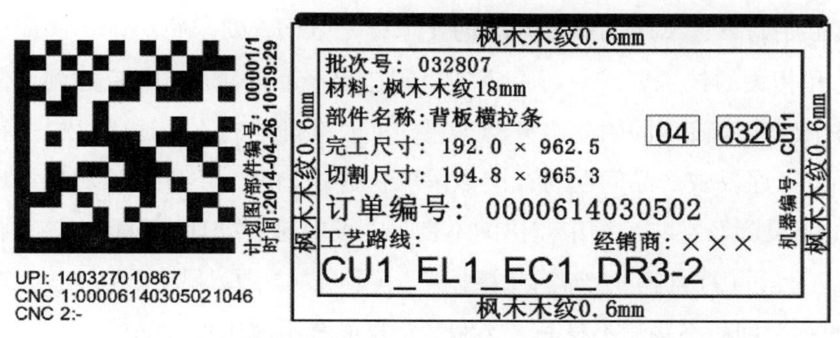

图 5–13 板件生产标签

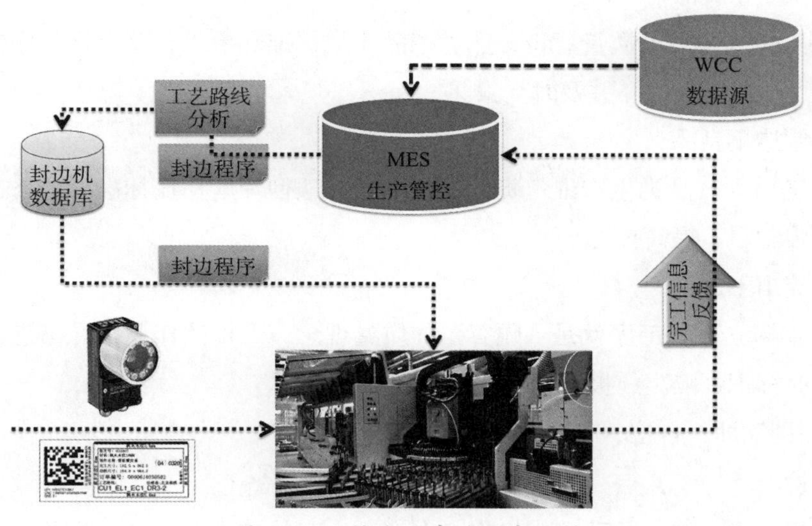

图 5–14 封边工序的信息流转

5.3.3 如何完成封边工序与上下工序的均衡

完成封边工序与上下工序的均衡就是实现板式家具生产过程的生产线的平衡。

5.3.3.1 上道工序是下道工序的客户

顾客是家具企业生存的基础，是生产活动的源头，失去了顾客，家具企业将无法生存下去。但对于大多数家具企业或管理者来说，都将顾客的理解局限于企业外部顾客，而对于企业内部顾客的认识就少之又少。顾客是指接受产品或服务的组织或个人。顾客可以是一个组织，也可以是组织内部的一个环节，因此，不仅有外部顾客，还有内部顾客，企业生产中的“下道工序”就是企业的内部“顾客”。对于定制板式家具来说，开料工序的“顾客”就是封边工序，封边工序的“顾客”就是钻孔铣型工序，所有的工序都是为了实现最终的目标，即家具产品的产出，只有每一道工序满足了下一道工序的要求，才能保证最终的家具产品用户的满意。

以上道工序是下道工序的服务理念的要求，一方面，要求每一个工序应该理解产品的加工工艺和相关的技术要求，每一道工序制造出产品需求的100%达到质量要求；另一方面，每个工序应该牢固树立服务的思想，准时准确地向下一道工序提供符合要求的产品，当下道工序反映产品问题时，应该采取积极的态度，不仅应该对现场反映的产品（包括流程的不良品及在本工序未流出的不良品）及时进行处理，而且应该查找原因，及时改进。实现上下工序均衡生产需要做到“三不原则”“三检原则”和“三不放过原则”。

“三不原则”即：不接受不良品、不制造不良品和不流出不良品。

（1）不接受不良品

要求员工树立强烈的质量意识，熟悉产品质量标准和要求，若上道工序传递的产品有异常问题，应拒绝接收，并及时上报。

（2）不制造不良品

要求员工树立产品谁生产谁负责的质量理念，透彻理解作业标准，严格遵循作业标准，同时加强学习，提高技能水平。

（3）不流出不良品

要求员工树立下道工序就是“顾客”的质量理念，严格按作业指导书进行检验，发现不良品及时标识、隔离、报告。

“三检原则”即：自检、互检和专检。

（1）自检

自检即操作人员自己检验，指操作者对自己生产的产品按照操作规程或作业指导书等相关要求进行认真检验。

（2）互检

互检即互相检验，指班组内人员针对某些规定的项目相互检验。

（3）专检

专检即部门设立专职检验员，对现场生产出的产品按要求进行检验。在现场，通过三检制的贯彻实施，真正实现不流出不良品。

“三不放过原则”即：原因不明不放过、责任不清不放过和措施不落实不放过。

（1）原因不明不放过

到底是什么原因造成了这个质量问题，要打破砂锅问到底，找出质量问题的根本原因所在，只有找到了原因，才能对症下药，不查出原因绝不放过。

（2）责任不清不放过

这个问题到底应由谁来负责，是谁导致这个问题的发生，是操作者、班组长、主管工程师或是其他什么人，一定要落实质量责任，使责任人和其他员工从中吸取教训。

（3）措施不落实不放过

针对问题，原因已找到，应该制定怎样的措施，措施制定后有没有实施下去，效果如何，都要清清楚楚，不能有半点含糊，只有措施真正落实且实施效果良好，才能从根本上防止类似问题的再次发生。

5.3.3.2 消除瓶颈工序

在精益生产中，生产线最大的产能不是取决于作业速度最快的工序，而是取决于作业速度最慢的工序，这个“作业速度最慢的工序”就是所谓的“瓶颈工序”。

瓶颈工序是制约生产线平衡的主要因素，实现生产线的均衡生产需要消除瓶颈工序，使瓶颈工序的作业时间与其他工序的作业时间尽可能相近或相等，最终消除各种等待的浪费现象，达到生产效率最大化。那么如何消除瓶颈工序，实现工序间的均衡？需要做到以下几步：

①找出生产过程中的瓶颈工序；

②决定如何挖掘瓶颈的潜能；

③给予瓶颈最优质的资源支持；

④给瓶颈松绑（绕过、替代、外包）；

⑤假如步骤④打破原有的瓶颈，那么回到步骤①，持续改进，重新寻找瓶颈。

旧的瓶颈解决，新的瓶颈又产生，不断消除瓶颈，持续推动PDCA①，达到工序均衡，不断提高生产效率。

5.4 封边工序的工时测定与产能

工时测定是任何经营活动都绕不开的工作，测算出的工时定额是企业制定一切标准和核算的基础数据，缺之不可。计算产能是企业无论建设工厂还是配置资源都需要的一项工作。本节从三个方面进行详细的阐述。

① PDCA（P—plan，计划；D—do，执行；C—check，检查；A-act，处理），PDCA循环又叫戴明环，是美国质量管理专家戴明博士首先提出的，它是全面质量管理所应遵循的科学程序。全面质量管理活动的全部过程，就是质量计划的制订和组织实现的过程，这个过程就是按照PDCA循环，不停顿地周而复始地运转的。

5.4.1 封边工序的工时测定

工时是家具制造生产的重要指标，是进行数字化制造的基础数据。工时原意是指一人一小时所做正常工作量的计量单位，一般由标准工时和辅助工时组成。标准工时主要指零件的加工时间；辅助工时主要指生产前的准备时间，如换刀、调刀、调机、物料运输及首件确认等工作内容所耗时间。

对封边工序进行工时测定，其重要性表现在以下几点：为准确核算人工成本提供依据；作为生产能力分析的依据；作为生产计划与日程生产安排的依据；作为工厂布置与生产线平衡分析的依据；作为增购新设备分析的依据。

5.4.1.1 研究方法

本研究采用直接秒表测时法。用秒表测定时间通常有两种方法：连续测定和撤回测定法或重复测定法。本测定中使用连续测定法，即表不停时就对要素断开时刻进行观察记录的方法。每个要素的时间能够按上下时间之差计算出来。它可以重复反映一个操作的整个时间。所用秒表精度为1/10s。

5.4.1.2 研究的条件

（1）设备

设备型号为FLASH–6000D的全自动直线封边机，工作总行程为5.0m，实际有效封边距离为4.4m。

（2）封边使用的胶黏剂

封边使用的胶黏剂是专用封边热熔性胶。测定时间由于在冬季，胶的温度控制在170～190℃。开机后先将封边机调温器设定在130～150℃，20min后将温度调为170～190℃，待胶完全熔化后，方可开机工作。当温度达到设定值时，指示灯显示，才可合上离合器进行加工。加工间断时，应将调温器调回150℃左右，并视具体情况而定。机台进料口的滑板内加热器的温度一般控制在100～135℃。一般封边涂胶量为200～300g/m^2。

（3）测定对象

为了有代表性，选择A厂橱柜零件中一个较长的文件柜旁板和较短的隔板作为测定对象，以反映封边的工时情况。所测两个零件的基材均为双贴三聚氰胺刨花板，封边条为24mm×2mm的PVC。

（4）封边工序人员的安排

性能和功能不同的封边机以及封边材料、工件大小的不同，将决定人员的数量。如

CNC 一般需要两个人；如封边机修边功能较好，不需要人工再修边的，一般只需要两个人，当需要封较长、较宽的面板和旁板等时，就需要三人。另外，封边条材质不同，也影响人员数量。如当用锯裁的防火板作为封边条时，就需在五人定员的基础上再临时增加一个人，完成涂胶、更换封边条、进给封边条等工作；封天然薄木时，情况也一样。当送料装置发生变化时，如采用升降机、带式或辊式运输设备，就可以减少送料的人工。

本测定过程中，封 2197mm × 947mm × 20mm 的旁板时，就需要五人：一人固定送料，一人辅助送料，负责顶紧封边时的板（为了保证质量，由于封边机运输工件的最大宽度只有 1m，2.197m 宽的工件若没有人抬起并顶紧，板面将变形，则会影响封边质量），同时他还要完成封完一边后需返回再封边的工件的搬运；一人专门负责接料，一人专职修边，还有一人除修边外还要负责返回工件的搬运。封规格为 258mm × 245mm × 20mm 的隔板时，需要六人，因为它的封边条是一段一段的防火板材料，需要三人完成封边条涂胶、封边条的更换和进给。

5.4.1.3 封边工艺的原则

对于尺寸中等又需要封四边的工件，两两对称边连续封完再集中修两边，较为合理，省人工，效率高。其他两个对称边必须在另外两个对称边修完边以后才可进行，否则会影响接口质量。

对于较长、较宽的工件，则封一边修一边，省工省时，如对于长 2m 左右、宽 0.8m 以上的工件。

对于旁板等较大零件，一般先封长度尺寸的边，再封宽度尺寸的边；对于抽屉面板、门板等，先封宽度方向，再封长度方向。

5.4.1.4 测定规则

封边的一个周期为从抬板装机到封完一边为止，修边和挑选、测量尺寸等辅助操作都不算在周期里面，在宽放时间和周期时间里已包括。

封边时工件之间的最短间隔应保持 50cm 的距离，否则会造成封边机自动更换封边带时间不足，使板端封边条缺损，造成返工。

研究的家具厂简称 A，其工时计算的宽放率按 25% 计，又设 Tst 表示标准工时，Tn 表示正常工时，A% 表示宽放率，N_1 表示每小时的生产量，N_2 表示每工作日的生产量（每工作日按 8h 计算），以后在时间测定中的对应内容均以以上字母表示，不再注明。

Tn，是指一个正常工人按正常的速度工作 8h 而不感到过分疲劳的工作工时。这种工作速度就是正常速度。即：Tn= 平均时间 × 效率评定 /100。Tn 包括以下两方面：观察到的工时（观测记录的时间），这是客观评定；效率评定是对具体工人工作快慢的评定，这是主观评定。在实际的测定过程中，测定人员的主观判断是确定效率评定因子数值大小的决定性因素。因此，要求对测定人员进行必要的训练，并能始终采用一个公平的衡量标准。

测定表中的速度评价是效率评定的一种最常用的方法。所谓速度评价就是将观察者已掌握的标准速度概念和作业人员的动作速度进行比较，按其比率来修正观察时间值的一种方法。

标准工时 = 正常时间 ×（1+ 宽放率）。

5.4.1.5 测定实例

（1）文件柜旁板封边的工时测定

具体的测定过程和结果见表 5-2。

表 5-2　文件柜旁板封边的工时测定表

时间研究用表													
作业名称		封边				规格：2197mm × 947mm × 20mm							
图面 №		9912001–01				基材：双贴刨花板 封边材料：24mm × 2mm PVC 注：以下为封 947mm 短边的时间测定							
工件名称		文件柜旁板											
加工设备		全自动直线封边机 FLASH–6000											
作业人员		李保江、王重明等 6 人											
分析人员		刘晓红											
分析时间		12 : 00—16 : 00											
№	动作要素	1	2	3	4	5	6	7	8	9	10	合计	平均
*T*1	抬板装机（2人）	13	13	13	13	14	15	17	16	15	15	145	14.5
*T*2	封边	20	19	23	21	19	20	20	20	19	20	201	20
*T*3	卸板（1 人）	9	7	7	6	5	6	8	6	5	6	65	6.5
*T*4	修边（1 人）	45	43	35	30*	52	32*	52	45	47	45	426	45.5
*T*5	抬板返回（2人）	14	17	13	12	14	15	14	16	15	14	144	14
*T*6	装机（2 人）	8	9	7	10	8	7	10	11	7	8	85	8.5
*T*7	封边	20	19	19	19	19	18	19	19	19	19	190	19
*T*8	卸板（1 人）	9	7	7	6	5	6	8	6	5	6	65	6.5
*T*9	修边（2 人）	45	43	35*	42	52	34*	52	45	47	45	440	46.4

续表

注：1. 时间测定栏中的数据都为“秒”；
2. 数字中带 * 的为异常值，剔除，不作为计算的数据；
3. *T*1 和 *T*6 同为装机时间，但 *T*1 要慢于 *T*6，原因在于测试 *T*1 时的工件摆放位置不合理，运距长；*T*6 为修完一边又返回后的装机，有时返回后直接装机，有时暂放后再装机，位置较为合理。在计算标准工时时，装机时间应取中间值较为合适；
4. 通过实测 20 块封边长为 947mm 板的封边周期，平均为 40s，与计算的 *T*n=38s 相比，相差 5.3%；与 *T*st=0.79min 相比，相差 15.6%，较为合理。

№	其他动作	读表	速度评价：100
1	更换封边条	23s	计算栏： *T*n=（*T*1+*T*6）/2+*T*2+*T*3=（14.5+8.5）/2+20+6.5=38（s/ 边）=0.63min/ 边 *T*st=*T*n×（1+A）=0.63×（1+0.25）=0.79（min/ 边） N_1=60÷*T*st=60÷0.79=76（边 /h）
2	找工件和量尺寸	51s	
3	设备预热	36min	

表 5–2 中反映的虽为封一边的标准工时，但据此就可计算出封此块板其他几条边的工时。因为是同一块板，则装机和卸板的时间都基本一致，只是机器的封边时间和修边时间延长了，而机器封边时间的计算方法，只需稍加计算便可算出，修边时间虽延长了，但实际包含在封边周期时间内，可以不予计算。例如规格为 2197mm×947mm×20mm 的旁板，假如要封两长一短边，其工时计算方法如下。

封边长 2197mm 的机器封边时间计算如下：

T 机 =（2.2+4.4）/0.28=24（s），4.4m 为封边机封边的有效距离，0.28m/s 为封边机进给的速度，则它的 *T*n 为：

*T*n=（*T*1+*T*6）/2+ *T* 机 +*T*3=（14.5+8.5）/2+24+6.5=42（s/ 边）=0.7min/ 边；

*T*st=*T*n×（1+*A*）=0.7×（1+0.25）=0.88（min）；

又已知封短边的 *T*st 为 0.79min，则这块旁板封两长一短边的时间为：

T=0.88×2+0.79=2.55（min）

N_1=60/*T*=60/2.55=24（块 /h）

也就是说，对这样的大旁板，若封两长一短边，则每小时能生产 24 块左右，而且要保证修边都要在封边的过程中完成。对于其他规格板件封边的生产能力计算可参照上例。

（2）小规格搁板封边的工时测定

对小规格板封边时间的测定情况见表 5–3。小板的封边效率很高，每块板一边的封边时间相当于封边时板与板的间隔时间。对于长、短边尺寸相差不大的板件，在计算封边时间时，可认为长、短边的封边时间是近似相等的，然后根据实际需要的封边边数进行计算。

在封小规格板，尤其是长和宽很接近的板时，一定要按长、宽摆放整齐，最好再做上记录，以免封错，造成返工或后续工序打孔的错误。

表 5–3 所示为旁板的封边工时测定。

表 5-3　文件柜旁板封边的工时测定表

<table>
<tr><td colspan="12">时间研究用表</td></tr>
<tr><td colspan="2">作业名称</td><td colspan="5">封边</td><td colspan="5">规格：258mm × 245mm × 20mm</td></tr>
<tr><td colspan="2">图面№</td><td colspan="5">991208-06</td><td colspan="5" rowspan="6">基材：双贴刨花板
封边材料：24mm × 2mm PVC
注：以下为封 258mm 一个边的时间测定</td></tr>
<tr><td colspan="2">工件名称</td><td colspan="5">搁板</td></tr>
<tr><td colspan="2">加工设备</td><td colspan="5">全自动直线封边机 FLASH-6000</td></tr>
<tr><td colspan="2">作业人员</td><td colspan="5">李保江、王重明等 6 人</td></tr>
<tr><td colspan="2">分析人员</td><td colspan="5">刘晓红</td></tr>
<tr><td colspan="2">分析时间</td><td colspan="5">16 : 00—17 : 00</td></tr>
<tr><td>№</td><td>动作要素</td><td>1</td><td>2</td><td>3</td><td>4</td><td>5</td><td>6</td><td>7</td><td>8</td><td>9</td><td>10</td><td>合计</td><td>平均</td></tr>
<tr><td>T1</td><td>装机（1 人）</td><td>4.5</td><td>4</td><td>4</td><td>5</td><td>5</td><td>4</td><td>4</td><td>5</td><td>4</td><td>4</td><td>43.5</td><td>4.3</td></tr>
<tr><td>T2</td><td>机器封边</td><td>20</td><td>18</td><td>21</td><td>20</td><td>19</td><td>19</td><td>20</td><td>20</td><td>21</td><td>18</td><td>196</td><td>19.6</td></tr>
<tr><td>T3</td><td>卸料（1 人）</td><td>4</td><td>7</td><td>5</td><td>4</td><td>6</td><td>7</td><td>7</td><td>5</td><td>6</td><td>7</td><td>58</td><td>5.8</td></tr>
<tr><td>T4</td><td>修边（1 人，机修）</td><td>6</td><td>7</td><td>8</td><td>7</td><td>10</td><td>10</td><td>10</td><td>11</td><td>9</td><td>7</td><td>85</td><td>8.5</td></tr>
<tr><td>T5</td><td>修边机上油</td><td>10</td><td>10</td><td>9</td><td>11</td><td>10</td><td>10</td><td>11</td><td>10</td><td>11</td><td>12</td><td>104</td><td>10</td></tr>
<tr><td>T6</td><td>封边机换锯裁的封边条</td><td>11</td><td>12</td><td>10</td><td>11</td><td>12</td><td>10</td><td>12</td><td>11</td><td>11</td><td>10</td><td>110</td><td>11</td></tr>
</table>

注：1. 时间测定栏中的数据都为“秒”；
2. 此板的封边条为一段一段锯裁的防火板，换封边条和进给都需要人工操作；
3. 由于板件的尺寸较小，故而在封边机封边过程中可同时封几块板，因此每一块板的封边时间就是一个平均值，而不是单块板的机器封边时间，通过实际测定，封 258mm 的边，平均每边需要 7.8s，加上修边，总共需要 14s 左右。因此，这个时间就可作为封这种长度的边的正常工时。

<table>
<tr><td>№</td><td>除外动作</td><td>读表</td><td>速度评价：100</td></tr>
<tr><td>1</td><td>修边机上油</td><td>10s</td><td rowspan="2">计算栏：
Tn=14s/ 边
$Tst=Tn \times (1+A)=14 \times 1.25=17.5$（s/ 边）=0.29min/ 边
$N_1=60 \div Tst=60 \div 0.29=206$（边 /h）</td></tr>
<tr><td>2</td><td>换封边条</td><td>11s</td></tr>
</table>

（3）影响封边工时测定的因素

影响封边工时测定的因素很多，如设备性能、工人的工作速度、工序间的配合、工件的摆放位置及摆放方向和摆放高度等。假设设备一切正常，则封边效率的高低主要取决于操作者的作业熟练程度、工件的摆放质量以及操作者之间的配合与协调。

通过观察发现，对封边工序，影响其工时的主要原因有：

①工件堆放、标注等不规范、不合理，造成装卸的运距长和测量、选料的时间过多；

②封完后返程次数多，由于没有合理的运具，造成人工搬运量大，人员浪费和体力消耗过多，工作速度降低；

③由于设备的修边刀具没有调试好，人为增加了大量的修边工作。

设备自动修边功能不能正常发挥，这主要是由于企业技术力量还比较薄弱，对设备的管理还处在一个保养和简单维修的阶段，对设备各种功能的充分挖掘和利用还远远不够。一方面，由于所采购的人造板基材的厚度偏差往往超过 0.2mm，造成调机困难，修边量不稳定，易造成次品；另一方面，主要是设备调试没到位，造成履带运行过程中波动较大，切削幅度过大，以至于无法使用机器自动修边。在这种情况下，由于履带波动幅度较大，不仅不能自动修边，而且封边条的宽度尺寸还需放大 4～5mm，否则就会经常出现封完边后封边条被修得参差不齐的缺损，无法保证封边质量，既浪费材料，又浪费人力。

因此，企业要想突破"封边瓶颈"，首先，必须解决设备的自动修边问题及履带运行波动过大的问题，其次，一定要保证人造板的各种物理、力学指标达到家具和设备的要求。越先进的封边设备，对原材料的要求就越高，否则它也无法发挥其强大的功能。只有解决了这些问题，封边的生产效率和产品质量才可能从根本上提高，工时定额也才能随之提高。

说明：这是笔者多年前做的工时测定，封边材料、封边设备和封边技术都发生了很大的变化，但就工时测定依然有着非常重要的作用，无论是对自动化和智能化水平很高的封边工序，还是今天依然是人工上料下料，封边机已经有了很多功能的封边工序，如果要去研究这些工序，还是能通过工时测定发现这些工序存在很多的浪费和问题，如机器维护不好，设备操作不规范或不正确，导致用世界最先进的封边机也做不出一流的质量；还有很多设备的空转，还普遍存在操作人员大量的空闲时间等；封边带存放混乱，换带时间长，胶的浪费和污染胶辊等。时间尽管过去了多年，笔者考察过很多工厂的封边工序，常常还会发现多年前企业会出现的问题。

精益生产传播了很多年，美国早在 1990 年就向全球发布了《改变世界的机器》一书，这本书影响深远，应该说真的改变了很多企业的命运。但时至今日，中国的家具企业能实施精益生产的屈指可数，即使在实施过的企业当中，能持久实施精益生产的更少，这就是为什么中国家具企业的平均寿命只有 2.5 年。

据美国《财富》杂志报道，美国中小企业平均寿命不到 7 年，大企业平均寿命不足 40 年。而中国，中小企业的平均寿命仅 2.5 年，集团企业的平均寿命仅 7～8 年。美国每年倒闭的企业约 10 万家，而中国有 100 万家，是美国的 10 倍。不仅企业的生命周期短，能做强做大的企业更是寥寥无几。

总之，任何时候，管理都是起决定作用的因素，因此才有管理企业往往是"七分管理，三分技术"的说法。

5.4.2 封边工序的产能计算

直线封边机的标准产能与被加工零件长度、被加工板件之间距离、封边速度等有直接的关系，随着单个零件封边尺寸的增加，单位时间封边的长度也会增加，但是最终增加的趋势会不断减小，趋于平缓。因此，欲得到直线封边机的产能，就必须得知被加工零件长度、被加工板件之间距离以及封边速度。

5.4.2.1 封边工序产能计算公式

封边工序的产能和被封边工件的长度、被封边工件之间的距离和封边进给的速度有直接关系。设被封边工件的长度为 L_a，被封边工件之间的距离为 L_b，封边进给速度为 V。

L_a 的计算：在工厂实际的生产过程中，封边板件的长度变化很大，长度表现出各种规格，为了方便计算、研究其产能，一般设定被封边工件的平均长度为准，所以 L_a 是表示平均工件封边长度。在计算平均长度时，常用抽查方法抽取工厂具有代表性长度计算平均值。

L_b 的计算：在实际封边生产过程中，被加工板件在封边机上加工时，板件之间的距离与上料速度和设备参数有直接的关系。上料速度与现场操作工人的熟练程度有关，设操作工人达到操作标准，封边设备完全负荷情况下，被封边工件之间的距离接近封边设备设定的最小参数值，在进行产能计算理论推导时，取设备的最小参数值作为被封边工件之间距离 L_b。对于这个值，不同型号的封边设备其参数也不同，可以通过设备的参数说明中得出。要说明的是，由于封边速度不同，L_b 会有微小的变化，这里忽略这种微小的变化。

V 的计算：封边速度是通过封边设备中输送带的速度，可通过封边设备的参数中得出。因此，在直线封边机完全加载的情况下，封边速度为 V，完全加载时间为 T，被封边工件的平均长度为 L_a，被封边工件之间的距离为 L_b，封边总长度为 L，则其封边工序的产能公式可推导为：

$$L=V\times T\times L_a/（L_a+L_b）$$

5.4.2.2 封边工序工作时间构成

在封边工序进行封边工作过程中，实际操作所花费的时间包括以下几个部分：搬运时间、调机时间、首件确认时间、补给胶黏剂和封边条时间、分析图纸时间、个人生理等其他时间，其中，只有封边时间才是封边设备有效工作时间，其他时间可作为封边设备的空载时间，设封边设备的空载时间为 T_0。

在实际生产过程中，正常的连续作业情况下，需要通过抽查的方法来计算封边设备在 1h 内设备的空载时间。为了反映封边设备的实际工作状态，消除过多调机带来的时间上的误差，选择封边批量大于 10 的产品进行统计，在 1h 内随机抽查 10 次，看设备是在有效工作还是在待机，从而可以计算出设备的利用率。记录时，排除与研究不相关的时间，如与工作无关的交谈时间、设备长时间维修时间等，同时如有重叠的时间，如搬运与调机同时进行，则只记录一次，得出其封边机在 1h 内设备的空载时间。因此，在实际封边工序中，封边设备有效工作的时间 T 的计算公式（计算单位为分钟）如下：

T=（工作总时间—开机时间—清洁时间—宽放时间）/60×（60—T_0）

式中　T— 封边设备每天的有效工作时间；

　　T_0— 封边设备的空载时间。

5.4.2.3　封边工序产能计算实例

以广东先达数控机械有限公司旗下的 SE-107B 全自动直线封边机为实例计算 8h 工作时间内其封边工序的产能。SE-107B 全自动直线封边机的技术参数见表 5-4。

表 5-4　SE-107B 全自动直线封边机技术参数

名称	全自动直线封边机
型号	SE-107B
封边带厚度 /mm	0.4 ~ 3
板件工件厚度 /mm	10 ~ 60
输送带速度 /（m/min）	15，20，23
板件最小宽度 /mm	40
板件最小长度（不带预铣）/mm	150
板件间距 /mm	520 ~ 580（跟踪时 720）
总功率 /kW	11.5
电压 /V	380（±5%）
工作气压 /MPa	0.7
设备重量 /kg	2100
外形尺寸 /mm	5600×1000×1600

从封边设备的参数表中可以得到需要的数据：这台封边机有三种不同输送速度，即 15，20，23m/min。完全负荷加工，设备进行跟踪封边时，被封边板件间的距离是 720mm。

通过抽查得知，工厂封边板件平均封边长度为 467mm，按照该封边机三种速度值在正常生产加工时，封边机每小时空载的时间分别是：10，13，15min。

现工厂进行封边工序加工，白班 8h 工作，其中，开机准备时间共 2 次，每次 20min，下班进行清洁工作共 2 次，每次 10min，工厂宽放时间设定为 15min。设在三种封边速度下，封边机完全加载的工作时间分别是 T_1、T_2 和 T_3（min），则其计算方法如下：

T_1=（工作总时间 – 开机准备时间 – 清洁所需时间 – 宽放时间）/60 ×（60–10）

=（8 × 60–20 × 2–10 × 2–15）/60 ×（60–10）

=337.5（min）

T_2=（工作总时间 – 开机准备时间 – 清洁所需时间 – 宽放时间）/60 ×（60–13）

=（8 × 60–20 × 2–10 × 2–15）/60 ×（60–13）

=317.25（min）

T_3=（工作总时间 – 开机准备时间 – 清洁所需时间 – 宽放时间）/60 ×（60–15）

=（8 × 60–20 × 2–10 × 2–15）/60 ×（60–15）

=303.75（min）

将封边机三个封边速度（15，20，23m/min）和三个封边速度下封边机完全加载进行加工的时间（337.5，317.25，303.75min）代入封边机产能的计算公式，则得出在三种不同封边速度下一个 8h 工作日的封边标准总的长度分别是：

$L_1 = V \times T_1 \times L_a / (L_a + L_b) = 15 \times 337.5 \times 467 / (467+720) = 1991.73$（m）

$L_2 = V \times T_2 \times L_a / (L_a + L_b) = 20 \times 317.25 \times 467 / (467+720) = 2496.31$（m）

$L_2 = V \times T_3 \times L_a / (L_a + L_b) = 23 \times 303.75 \times 467 / (467+720) = 2748.59$（m）

从上面计算可知，封边速度的增加，一个工作日的封边总长度也随着增加，但是随着封边速度的增加，封边不合格率也会随之变化，这样就导致最终合格封边的总米数有所变化，所以在不同速度下的合格率也影响着产能。因此，企业在选择不同封边速度进行加工时，需要考虑不同封边速度下，其封边单位长度（每米）的材料成本、人工成本、设备折旧成本、动力成本之间的关系，综合考虑其不同封边速度时封边板件的合格率来确定封边速度，以达到最优的封边机产能。

5.4.3 封边工序的效率提升

从工业工程的角度看，影响封边工序效率的因素离不开生产要求中“人、机、料、法、环”的影响。下面通过这几个要素说明封边效率的提升问题。

5.4.3.1　封边工序操作者的专业水平的提升

以全自动封边机为例，正常情况下，全自动直线封边机由2个人操作，一个是主操作工，另一个是辅助操作工；实际加工过程中，根据加工情况，操作工人会有相应增加，不同熟练程度的操作工人对直线封边机的生产效率有显著的不同，所以对于操作工人素质和专业技能的培训是提升封边工序效率的一个有效途径。提高员工素质有赖于企业培训和长期的经验积累，企业内部要形成对员工培训制度，通过不间断的学习培训来提高员工的操作技能和素质，从而提高封边工序的效率。

5.4.3.2　封边设备的效率提升

不同的封边设备对封边效率的影响是最显著的，自动封边机就比半自动封边机效率明显，能够减少人员干预操作的设备，其效率就有明显的增加。以全自动直线封边机为例，在直线封边机中有轻型和重型封边机之分，轻重之分在于持续工作时间的长短和稳定性。在不同类型的直线封边机中，封边机的进给速度与封边效率有直接的关系。

直线封边机工作时，由于受到齐头刀具加工状态的限制，在齐头加工中刀具必须恢复到初始状态后才能继续加工下一个零件，这样的两个工件之间必须保持一个“最短的物料距离”，而这个间隔就是由封边设备进料控制系统根据刀具工作频率和进料速度变化继续控制。而在封边设备上，齐头装置的工作节拍通常是规定的一个值，所以板件之间间隔的大小就取决于进料速度的变化。

经过研究表明，进料速度与封边的效率呈线性正比例的关系。从封边工序的产能计算公式中可以得到，封边工序的效率与封边设备封边进给的速度是有显著联系的，速度的提升，一个工作日的封边总的长度也随之增加。

对于封边效率的提升，还有一个重要因素是封边设备的调机频率。在封边作业过程中，调机时间的长短，除了作业者的作业规范和熟练程度外，主要还是受加工零件厚度的变化、更换相对应的封边条和调整封边工序的刀具参数。封边厚度变化时需要调整机器的顶压梁，以适应不同厚度零件，根据不同颜色材料的加工零件需要更换不同的封边条，不同封边条的厚度需要调整封边机刀具的切削参数，这些都会影响到封边的调机时间。

调机频率对封边工序效率的影响是显著的，通过多家企业的实际调研来看，调机频率越高说明该企业在封边工艺和生产组织优化上越需要做改进。

（1）改善封边工序

在生产的工时定额中，调机属于辅助作业时间，需要最大限度减少该部分时间。调机时间与频率的多少涉及操作者的操作，通过对操作者的动作研究来提高操作者的作业效率。另外，提高操作者作业的便捷性也是一个重要的方向，比如规范加工板件、封边条的摆放，并做好标识，使操作者能够一目了然，减少寻找和搬运的时间；设计更加合理的工作台，便于操作者进行装卸操作。

也可以通过增加自动换带装置来提高封边效率，自动换带装置可以通过数字控制系统，自动选择板件的封边颜色，不需要花费人力和时间进行更换封边带，减少人为对封边设备的干预，能够迅速提高封边效率，封边带自动换带装置如图 5-15 所示。

图 5-15　封边带自动换带装置

（2）组织优化

单机成组加工往往比单元成组加工方式要更加实际有效。在封边工序加工中，可以根据封边的工艺要求不同，通过成组技术，对待加工零件的种类、材料和规格合并同类项目，再进行封边工序加工，这样可以有效减少调节的次数，减少单位零件上分摊辅助的作业时间，从而提高封边的效率。

5.4.3.3　改善封边工艺

封边工艺是影响板件封边效率的重要因素。对于定制家具来说，板件样式及花色比传统家具更加复杂。由于对板件的美化效果和封边成本的考虑，一块封边板件上的封边条的厚度是不一致的。定制家具封边工艺基本可概括为：四边厚边、四边薄边、一厚三薄、两厚两薄和三厚一薄。

在满足企业产品工艺需求下，尽可能把封边工艺简化，板件四周封边时保持厚度一致，减少封边工序的换带时间和调机时间，由此提高封边工序的工作效率。对于有薄厚封边带的板件，在进行封边工序之前，需要对板件进行分类，把相同封边工艺的板件归类，完成封边。

5.4.3.4　提升封边工序管理

管理是生产效率提升的核心，通过有效的管理可以成倍提升生产效率。封边工序的生产管理主要包括以下几个方面：

（1）加强封边工序班组管理

班组是车间组织生产经营活动的基本单位，是企业最基层的生产管理组织。在实际工作中，经营层的决策做得再好，如果没有班组长的有力支持和密切配合，没有一批领导得力的班组长来组织开展工作，那么经营层的政策就很难落实。因此，班组管理应该是车间管理的重点，只有班组生机勃勃，封边工序才能保持旺盛的生产活力。

（2）提高员工士气

提高生产效率关键是提高士气，士气越高生产效率就越高。而士气取决于企业中人与人的关系，所以企业应采取新型的领导方式，实行人性化管理，对每一个员工的身体健康水平、生活情况、业务水平能力等一系列直接与员工生产、生活密切相关的情况都要了解，尽可能关心和帮助，消除其思想负担，解决其后顾之忧，使其感受到在工作过程中充满人性的真情，感受到来自工厂和领导的关爱，使其全身心投入到生产工作中。另外，要想办法改善人与人之间的关系，使每个员工之间、员工与领导之间都能进行真诚持久的合作，实行上下意见交流，允许下级提意见，并尊重下级的意见和建议，同时，对于下面反映出来的问题，公司领导一定要尽快解决，并反馈至员工，否则员工就会认为这是形同虚设，久而久之也就不再会有人提意见了。需要补充的一点是，由于车间员工素质存在差异，他们可能会提出很好的问题，也可能会提出不恰当的问题，对于那些提得不恰当的意见，也必须向他们解释清楚原因，因为既然有人提出这样的意见就说明可能有一部分人存在这种想法，切不可用严厉批评来对待他们，否则就会堵塞言路。

（3）强化制度化管理

要想让全厂员工紧密团结、相互配合、齐心协力完成共同目标，必须实行工厂制度化管理。只有在制度面前人人平等，以制度管人，以制度服人，杜绝人情化管理，才能够建立车间良好的管理秩序，使车间员工具有良好的工作精神面貌。

企业应当完善《生产规章制度》和《职工奖惩制度》，使各项制度更贴近工厂实际情况，并具有更好的可操作性，同时还要适应公司未来发展的需要。在此，需要强调的一点是，各项规章制度必须要细，要达到工作中所遇到的任何问题都能找到拟定的处理方法这一水平，这就需要平时注意积累信息，并根据实际情况定时地对各项制度进行修改，切不可一成不变。此外，各项制度必须要张榜公布在车间显眼的地方，以备员工随时查看，让他们随时都能明白他们的行为将会让他们得到什么样的奖励或受到什么样的惩罚。新进员工，要进行岗前培训，包括各项规章制度，但是他们不可能立刻把所有的制度都记在心里，更何况他们也还不清楚以后将会遇到什么样的情况，所以他们就不会重视各项制度，因此，到最后也就会变得不清楚公司的规章制度。如果把制度张贴公布，这样当员工发生什么状况时，他们就会去查找制度，也就会马上知道对应行为的结果。

本章小结

本章通过对定制家具封边工序的生产管理进行了详细的描述和讲解，从封边工序的场地布置、过程质量管理、上下工序均衡管理和工时测定及产能计算等方面说明了封边工序生产管理的方法与作用。封边工序的管理是定制家具管理中的核心内容，管理水平的高低决定了生产水平和质量水平的高低，也决定了资源能否得到最大价值的转化，这种转化能力就是竞争力。

常说“三分技术，七分管理”。目前经济不景气，更需要加强管理，提高效益，降低质量风险和成本，提高企业的竞争力。

新型封边技术及封边材料 6

6.1－6.2－6.3

本章主要内容是新型封边技术及其封边材料，一项新技术的出现必然伴随着新材料的产生。掌握最新的封边技术及其新材料，对产品质量和品牌宣传必然是一剂强心针。无论是热风封边技术还是激光封边技术，或是正在研制中的技术，总的趋势就是通过新技术实现无缝化、一致性和一体化，实现每个板件都是浑然一体，而看不出任何缝隙和封边的痕迹，这大大提高了家具的美观度和环保性。

6.1 新型封边技术概述

新型封边技术的发明与应用是科学技术发展的必然结果，从板式家具制造技术发展来看，从一开始的手工制作，到后来的半自动设备，再到现在的全自动化、智能化发展，板式家具制造实现了高柔性、高效率和高质量的发展目标。板式家具的封边技术也从热熔胶封边逐渐发展到激光封边和热风封边技术，因此，区别传统封边技术与新型封边技术，也可以从封边带与板件的胶合技术来判断。

6.1.1 传统封边技术

传统封边技术是利用直线封边机和曲线封边机，用涂胶辊将熔融状态的胶黏剂均匀涂布在板材封边部位，将封边条由传送带装置送达指定位置，再通过压辊将封边条压贴在板材上，待板材与封边条胶合完成后，便得到封边产品。传统的封边技术体现在涂胶方式上，传统封边技术就是用辊涂或喷涂的方法，将热熔胶涂布于板件和封边条之间，从而完成板件的封边。传统封边技术使用的热熔胶有聚酰胺热熔胶、EVA 热熔胶、聚烯烃热熔胶、PUR 热熔胶等，最常使用的胶种是 EVA 热熔胶和 PUR 热熔胶。

6.1.1.1 EVA 热熔胶封边技术

采用 EVA 作为基料是普遍的封边热熔胶生产技术，也是最早、最成熟的封边技术。但是这种技术存在许多缺陷，比如胶的耐热性能较差，用 EVA 热熔胶封边的板式家具对环境要求较高，温度不能高于 120℃；且这种胶合方式仅限于物理性凝固，所以其黏度较小，容易发生封边条剥落的情况，即使在封边完成后没有脱落，在以后的使用中也会出现问题。

6.1.1.2 PUR 热熔胶封边技术

相对于 EVA 热熔胶，PUR 热熔胶的耐溶性、耐冷性和耐水性都比较好，该技术在国内外应用都比较广泛，但是存在一定的缺点，比如胶的固化时间较长，一般物理性凝固在冷却阶段只需几秒钟即可，但是化学性凝固一般需要 2～5 天的时间才能完全固化，达到最终胶合强度；且胶储存要求高，必须储存在密封容器中，一旦接触空气，便会与空气中的水分发生化学反应，从而影响封边质量。

6.1.2 无缝封边技术

相对传统封边技术，新型封边技术主要指无缝封边技术。无缝封边技术使用一种特殊的封边带，该封边带有两层结构，表层是普通的 PP 或 ABS 或 PMMA 封边带，底层是一层特殊的功能性聚合物。由激光或热风取代传统封边技术中的涂胶装置，熔化封边带的功能层，使液态的功能层与板材结合，达到较强的黏合强度，从而实现无缝封边。

传统封边技术很难保证板件封边的牢固和平整，在板件与封边带的结合紧密和板面与端面之间平整过渡圆滑上，传统封边技术很难达到技术要求。而无缝封边技术的最大亮点在于封边效果的优异，封边条和板件之间不再会有清晰的界限，取而代之的是浑然一体的外观效果和结合紧密的封边质量。当前市场上无缝封边技术主要是热风封边技术和激光封边技术。

6.1.2.1 热风封边技术

热风封边技术是利用带功能层的封边带，在封边带接触工件之前，热风封边机会通过喷嘴喷射高温高压的热风到封边带上，从而将胶水熔化，然后压轮机构立即将封边带压到工件上，经过修边、抛光等工序，完成封边。热风封边技术中带功能层的封边带需要在其内侧带有一层薄薄的胶水，如图 6-1 所示。

图 6-1 热风封边技术

热风封边技术用到的热空气更易获取，且绿色环保、价格低廉。热风封边技术的应用，不仅提高了板式家具的封边质量，简化了设备的操作流程，而且减少了封边的工艺步骤和额外的修整工作，降低了板式家具的生产成本。

6.1.2.2 激光封边技术

激光封边技术是由激光封边机中的激光装置发射高能量的激光，经过一面可来回摆动的反射镜照射到封边带上，从而熔化封边带上的特殊聚合物，压轮机构紧接着将封边带压贴到板件上，再经过修边、抛光等工序，完成封边，如图 6-2 所示。

图 6-2 激光封边技术

激光封边技术的出现，解决了传统封边技术存在的诸多问题，比如激光封边技术省去了涂胶装置，企业无须担心涂胶装置的维护和保养，更不用担心封边设备被热熔胶污染；激光封边无须加热等待，能实现即时加工，从而提高生产效率。

6.1.3 无缝封边技术与传统封边技术对比

无缝封边技术与传统封边技术的对比，主要通过对两种封边技术的工作原理、优点和缺点进行比较，见表 6-1。

表 6-1　封边技术类型及其优缺点对比

封边技术类型	技术原理	优点	缺点
传统热熔胶封边技术	将固态的热熔胶放入封边机上胶罐中加热熔化，用辊涂或喷涂的方法，将热熔状态的胶黏剂均匀涂布于板材封边部分，再通过压辊将封边带压贴到板材上，完成封边	1. 工艺成熟，应用普通； 2. 原理简单，通俗易懂； 3. 热熔胶价格低廉，生产成本较低	1. 封边效果不佳，长期使用会出现封边条剥落的情况； 2. 板件与封边带之间有明显胶线，影响美观； 3. 热熔胶施胶量控制不当
无缝封边技术	使用一种特殊的封边带，该封边带有一层特殊聚合物组成的功能层。由激光或热风熔化封边带的功能层，聚合物在热熔状态具有优异的黏合性能，从而使封边带与板材牢牢黏合在一起，实现无缝封边	1. 封边质量得到提高，长期使用不会出现封边带脱落的情况； 2. 由于功能层的颜色和封边带颜色一样，所以封边完成后不会看到胶缝； 3. 无须额外储存胶黏剂，不会对工件和设备造成污染； 4. 无须更换胶箱，提高了封边的生产效率	1. 价格昂贵，企业承担不起； 2. 应用不够普遍，用户缺少认知

6.2　新型封边技术特点及设备

每一项新技术都有其自身的特点，每一项技术首先都是通过新的设备实现的。本节通过对热风封边技术及设备和激光封边技术及设备进行详细的阐述，让读者或用户更多地了解新型封边技术的特点及其配套的设备。

6.2.1　热风封边技术及设备

热风封边技术是无缝封边技术中第一批推出的，它的原理是通过喷嘴槽强有力的热气流至封边材料的反应图层，以激发图层上的胶黏剂，使其将封边材料与板材连接起来，最终获得没有胶线的成品。热风封边机如图 6–3 所示。主要功能包括预铣、切带（热风封边或传统涂胶）、齐头、粗修、精修、刮边、仿形跟踪、刮边、抛光等。

热风技术最大的突破在于改变了涂胶方式，用热风系统取代了传统的热熔胶涂胶系统，使整个设备干净、整洁，且操作简便，使封边效果更佳。热风封边机工作原理如图 6–4 所示。

热风封边技术具有如下优势：

①实现封边带与工件间的无缝黏合，完美解决传统封边“胶线”问题。

②封边条上自带薄薄一层胶水，遇热风便熔化。

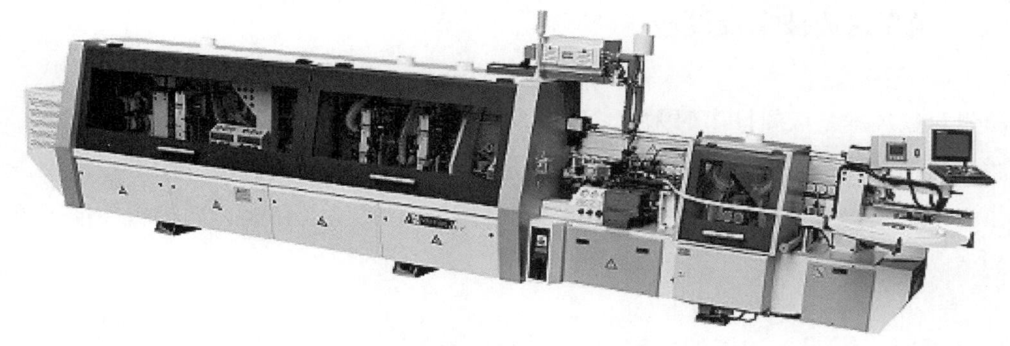

图 6-3 热风封边机

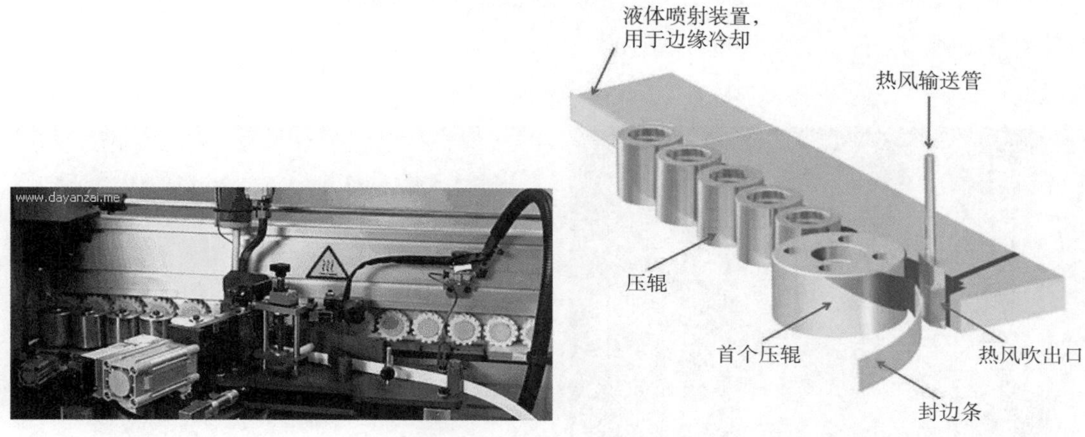

图 6-4 热风封边机工作原理

③升温时间仅 15min，远快于传统热熔胶（图 6-5）。

图 6-5 热风封边技术升温快

④封边无溢胶现象，机器无须额外安装清洁剂和分离剂。

⑤可用于所有常规带功能层的封边带，如 PVC、ABS 等。

⑥可在热风模式和传统热熔胶涂胶模式间自由切换。

热风封边技术的不足：

①价格昂贵，不够经济，应用不够普遍，用户缺少认知。

②会受到天气影响，如果是梅雨天气，压缩空气里水分含量比平常高，会影响加热质量。

③风速和压力难控制，封边条厚度不同、颜色不同，所需要的热量也不同，需要及时调控。

6.2.2 激光封边技术及设备

激光封边技术是最新推出的无缝封边技术，激光封边机如图 6–6 所示。

激光封边技术改进了热风封边的一些不足之处，在保证封边质量的同时，使设备使用起来更便捷，且提高了工厂的生产效率，降低了产品的不合格率，同时也保证了重复生产的精确度。

6.2.2.1 激光封边机的原理

利用激光装置，在封边带与工件接触之前快速熔化封边带上的预涂胶层，压轮立即将封边带压紧到工件上，如图 6–7 所示。

图 6–6 激光封边机

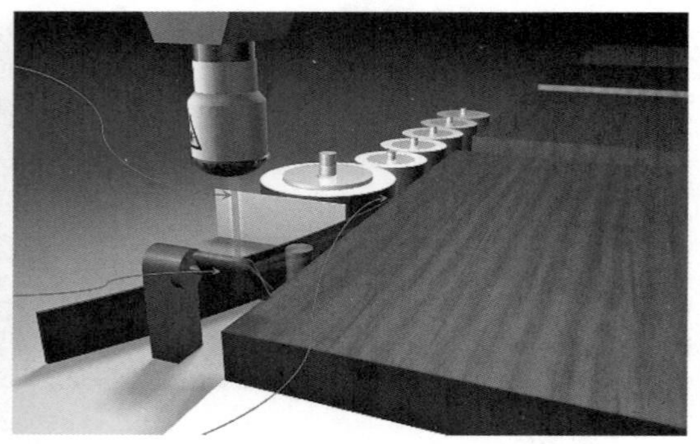

图 6–7 激光封边技术原理示意图

激光源输出激光，经过反射镜偏转作用在封边带底层，如图 6–8 所示。在激光能量作用下，封边带底层的吸收剂产生震动，震动动能转化成热能；底层预涂的胶被熔化，随即与工件黏结。

图 6–8 激光封边机的激光输出

6.2.2.2 激光封边技术的优势

①无须额外配置任何涂胶系统，也不用头疼因为传统热熔胶引起的一系列问题：不再为难选择哪类胶水；不再担心涂胶系统、修边刀具等的维护保养问题；不用担心压轮区被胶水污染；没有传统的加热等待时间，即时封边；不再需要胶水分离剂及清洁剂和相应的加工装置等。

②大大提高生产效率，减少次品。

③简化操作过程（只需输入或扫描封边带的型号，就可进行不同封边带之间的转换），如图 6-9 所示。

④无缝封边，零胶线，外观完美无瑕，如图 6-10 所示。

⑤一级安全保护的激光认证，对人体没有潜在危害。

图 6-9 激光封边换带

图 6-10 激光封边效果

6.2.2.3 激光封边技术的封边工艺流程

激光封边与传统封边流程相似，但是激光封边由于封边带和胶层一体化制作，精简了封边工艺流程，如图 6-11 所示。高性能的激光封边设备配置了扫描的储存装置，通过扫描储存封边带工艺参数信息，在更换封边带时，不需要手动调试参数，消除了人为误差。激光封边减少了不稳定因素，降低了人工及能耗成本，更加自动化，产品质量更加稳定。

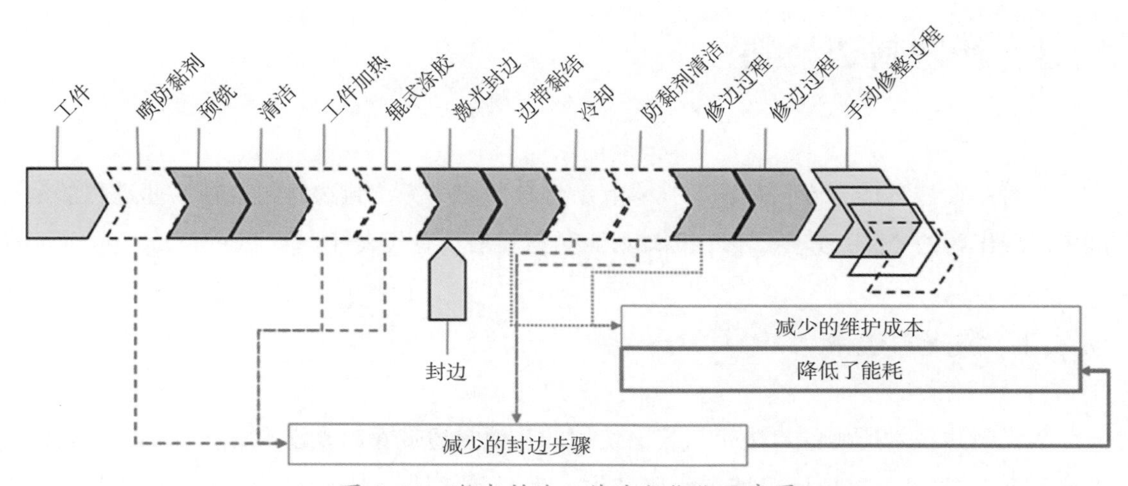

图 6-11 激光封边工艺流程优化示意图

激光封边设备主要由激光发射装置、控制装置和冷却装置组成，如图 6-12 所示。根据封边工件厚度对激光窗口进行调试，使激光照射范围与工件厚度相适应，以达到良好稳定的封边效果，主要技术参数见表 6-2。

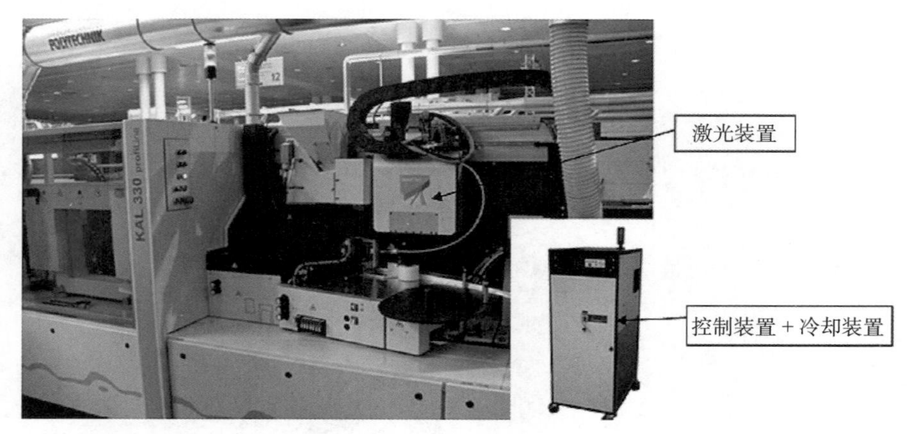

图 6-12 激光封边设备

表 6-2 激光封边设备主要技术参数

参数	标准工艺设备	高性能工艺设备
激光输出功率 /kW	3	6
有无扫描装置	无	有
最大封边工件厚度 /mm	45	60
最大封边速度 /（m/min）	30	60

6.3 新型封边材料

随着工业进程的不断发展，新技术、新材料层出不穷，封边材料也在工业进程的浪潮中涌现出新的产品，其中，以德国瑞好封边材料最具有代表性。

6.3.1 激光封边带

激光封边技术所用的封边带与当前使用的其他封边带看起来没有什么区别，但实际上区别还是很大。激光封边带有两层结构：表层和底层。在国内，表层多数推荐普通

ABS 边带；底层是一层特殊的功能性聚合物，所以称之为功能层，包括胶水（一般是 PP）和根据表层颜色专门调制的激光吸收剂，均匀搅拌，涂覆厚度为 0.2mm，如图 6–13 所示。

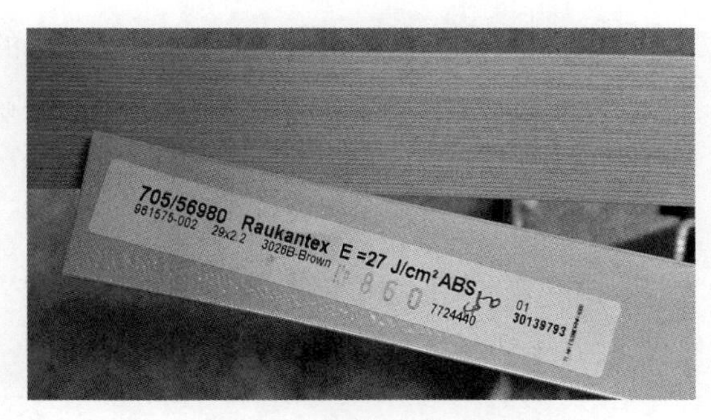

图 6–13　激光封边专用封边带

当然，PP、PVC、ABS、压克力、三聚氰胺等材料都可以成为激光封边带的基材，关键的技术难度在底层的处理上。

激光封边带的结构与性能见表 6–3 和表 6–4。

表 6–3　激光封边带的结构

	PP	PVC	ABS	压克力	三聚氰胺
胶层厚度 /mm	0.2				
涂胶量 /（g/m^2）	200				
封边厚度 /mm	0.5 ~ 3.0				0.4
封边品质	高级	一般	一般、高级	高级	一般

表 6–4　激光封边带使用性能

胶类型	标准型	高性能
耐热性 /℃	75 ~ 100	120 ~ 140
48h 吸水性 /%	0.86	0.4
牢固度（EWISO4892–1）	6 ~ 7	6 ~ 7

激光封边带能达到无胶线的效果。胶合后不可逆转，即胶合后胶缝即使再被激光照射也不会熔化。激光封边带除了卓越的视觉效果外，由于工艺上省去了热熔胶，优化了生产工艺，生产过程不需要预热热熔胶，减少了停机时间，提高了生产效率。

6.3.2　新型环保 ABS 封边带

在五大通用塑料中，ABS 是综合力学性能最好的一种材料，具有较高的强度和很高的韧性，是一种强韧材料。ABS 制品的使用温度为 –40 ~ 100℃，PVC 制品的使用温度为 –30 ~ 80℃，与 PVC 相比，ABS 制品具有更广的应用范围。采用 ABS 加工而成的封边条秉承了 ABS 自身的优良性能，与传统的 PVC 封边条相比，不仅具有与其相当的强度，而且具有 PVC 封边条所无法比拟的强韧性优势，是新一代高档家具封边收口装饰的理想材料。ABS 封边带的性能表现见表 6–5。

表 6–5　ABS 封边带的性能

分类	项目		单位	指标	参考标准	检测[a]	评判
物理性能	1. 表面印刷		—	均匀、光洁、木纹及压纹清晰、无污物	QB/T 4463—2013	√	合格
	2. 颜色		%	面色 95 以上，底色 90 以上	客户要求	√	合格
	3. 产品尺寸	宽度	mm	$a \pm 0.5$、纵向弯曲 1 ~ 5	客户要求	√	合格
		长度	m	$b \pm 2$	QB/T 4463—2013	√	合格
		厚度	mm	$c \pm 0.05$	QB/T 4463—2013	√	合格
	4. 瓦形度		%	厚度≤1mm、瓦形度≤1.5；厚度 >1mm、瓦形度 <1.0	—	√	合格
	5. 产品密度		g/cm³	1.1 ~ 1.25	—	√	合格
	6. 光泽度	高亮光	GU	≥90	GB/T 9754—2007	√	合格
		亮光	GU	75 ~ 90	GB/T 9754—2007	√	合格
		正常光	GU	20 ~ 30	GB/T 9754—2007	√	合格
		亚光	GU	9 ~ 15	GB/T 9754—2007	√	合格
	7. 表面附着力		级	0 ~ 2	GB/T 9286—1998	√	合格
	8. 封边温度		℃	140 ~ 220	—	√	合格
	9. 表面耐磨		r	20 ~ 30	GB/T 17657—2013	√	合格
	10. 磨耗		mg/100r	70 ~ 100	GB/T 17657—2013	√	合格
	11. 表面硬度[b]		级	B ~ H	GB/T 6739—2006	√	合格
	12 黏合强度		N/25mm	≥65	QB/T 4449—2013	√	合格
	13. 修边后颜色恢复		%	80	—	√	合格
	14. 适应机型		—	半自动、全自动封边机	—	√	合格
	15. 耐光色牢度[c]		级	≥4	GB/T 15102—2006	√	合格
化学性能	16. 耐溶剂性（天那水）[d]		次	—	—	—	—
环保要求[e]	17. 甲醛释放量		mg/L	≤0.5	GB/T 18580—2001	√	合格

续表

分类	项目	单位	指标	参考标准	检测[a]	评判
环保要求[e]	18. 铅总含量	mg/kg	≤90	ASTMF 963—20084	√	合格
	可溶性铅	mg/kg	≤90	EN 71—3:2013	△	合格
	可溶性锑	mg/kg	≤60	EN 71—3:2013	△	合格
	可溶性砷	mg/kg	≤25	EN 71—3:2013	△	合格
	可溶性钡	mg/kg	≤1000	EN 71—3:2013	△	合格
	可溶性镉	mg/kg	≤75	EN 71—3:2013	△	合格
	可溶性铬	mg/kg	≤60	EN 71—3:2013	△	合格
	可溶性汞	mg/kg	≤60	EN 71—3:2013	△	合格
	可溶性硒	mg/kg	≤500	EN 71—3:2013	△	合格
	19. 邻苯二甲酸盐	mg/kg	≤1000	GB/T 21928—2008	△、√	合格
备注	a “√”为公司能自检项目，“△”为需委外检测项目。 b 表面硬度不适用于素色产品。 c 对白色或浅色产品，耐黄变等级高于 2 ~ 3 级。此标准同样适用于 UB 6h，QUV 96h。 d ABS 不能使用天那水、丙酮、冰乙酸等酮类、醛类、氯代烃类溶剂擦拭或接触。 e 对 VOC 有要求，要特殊注册。					

数据来源：华立公司。

ABS 的优点如下：

①原料考究，纯度较高，无污染。

②采用单根挤压、四色印刷工艺，纹理清晰，色泽自然，不同于国产的转膜工艺。

③表面带有防磨层，耐磨性好，不易褪色，抗清洁剂，脏了好打理。

④原料含添加剂，颜色稳定，紫外线照射下不会变色。封边带使用一段时间后，修边表面会发光而不会沾灰尘，也不会发黑。

⑤柔韧性好，即使封在半径很小的板材上，也不会发生断裂现象。它的封边缝隙特别小，基本看不到什么豁口，封边条跟板件边部之间特别密实。

⑥尺寸稳定性好，不会因为温差大而出现过度收缩或膨胀。

6.3.3 3D 封边条

3D 压克力封边条，采用 PMMA 制造，PMMA（聚甲基丙烯酸甲酯）俗称压克力或有机玻璃，是一种坚固耐久的热塑材料，被广泛运用于各个领域，在厨卫行业中，我们熟悉的就有压克力人造石、压克力浴缸等多种产品。将 PMMA 运用于封边条又是一项很好的创新，由于它的透明度比玻璃还高，人们利用这一特性，创造出许多全新的视觉效果，更加突出了封边条的装饰作用，也让封边条的应用范围得到了扩展。

6.3.3.1 外观特点

3D封边条采用挤压成型工艺制造，装饰花纹被印在透明的PMMA基材上，形成了特殊的三维效果。3D封边条被打磨时只有透明的基材被加工，底漆不会被破坏，这使封边条上的花纹只会因基材被打磨加工而更加光彩亮丽，而通常机械加工对底漆所造成的不良效果从此不再出现。同时，这也使得板材到封边条的过渡无迹可寻。底漆处于封边条底面还有一个好处，那就是即便处在恶劣的条件下，它也不会被擦刮或损坏，而表面的机械损伤则可以通过抛光很快修复如新，根据需要或是喜好，3D封边条的表面可以处理成不同的效果，丝光、磨砂或是高光，让下面的纹理如梦如幻，富于变化，如图6-14所示。

图6-14 3D封边条

由于使用性能优良且外观亮丽，3D封边条的应用极为广泛，如厨房家具的外表面、浴室和厨房的工作台面、办公室桌面以及商店等建筑物的内部装修，当3D封边条被嵌入使用时，更可产生独特的视觉效果，可以作为纯粹的装饰材料使用。

6.3.3.2 加工性能

3D封边条的加工非常方便，它底面涂有万能胶黏剂，可保证采用任何热熔型胶黏剂（EVA、PA、APAO、PUR）后，封边条都可以很好地黏在基底材料上，并且适合在所有热熔胶封边设备上直接封边，对封边条进行黏合、打磨、擦刮等常规操作都没有问题，并可以直接用抛光轮和热气装置处理，以制作高质量的表面效果。

3D封边条的另一个优点是尺寸稳定性好，材料在97℃以下不会出现软化现象，这对家具使用来说是非常理想的性能。3D 封边条收缩率很低，如果配上高温下能保持稳定的热熔胶，在温度较高的地方（如接近厨房炉火、靠近窗户边的衣柜、热带地区家具），就更能够确保黏合牢固，对于厨房工作台面这种对抗水性、尺寸稳定性、抗热性要求较高的场所，建议使用 PUR 胶黏剂。

6.3.4 异型线材

异型线材是指由各种异型模具通过挤出成型或板材切割成型，再经表面处理的复合材料，根据使用要求设计不同，异型线材的材料可分软质和硬质，可以是发泡材料、PVC、PP、MDF、金属等。异型线材的特点为可在基材表面通过包覆、喷油、印刷、转印等工艺复合各种装饰面料。

根据使用功能不同，异型线材可以分为饰面板异型装饰条、衣柜配套异型线材、橱柜配套异型线材和地板配套异型线材。饰面板异型装饰条包括常用异型条、多色 T 形边和金银线；衣柜配套异型线材包括波浪板、防撞条和柜门饰条；橱柜配套异型线材主要是橱柜裙板；地板配套异型线材包括收口条和地脚线。异型线材的功能分类如图 6–15 所示。

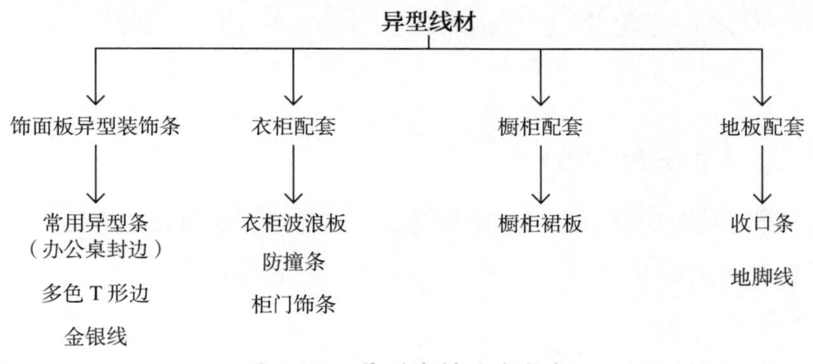

图 6–15 异型线材功能分类

6.3.4.1 饰面板异型装饰条

饰面板异型装饰条包括常用异型条、多色 T 形边和金银线，适用于板式民用家具、办公家具、橱柜、儿童家具等。

异型条多用于办公桌的封边，以软质为主，如图 6–16 所示。

多色 T 形条是指在同一条封边条上有两种或两种以上的颜色，满足不同产品的个性需求，如图 6–17 所示。

金银条是指在封边条表面覆盖具有特色颜色的封边条，如图 6–18 所示。

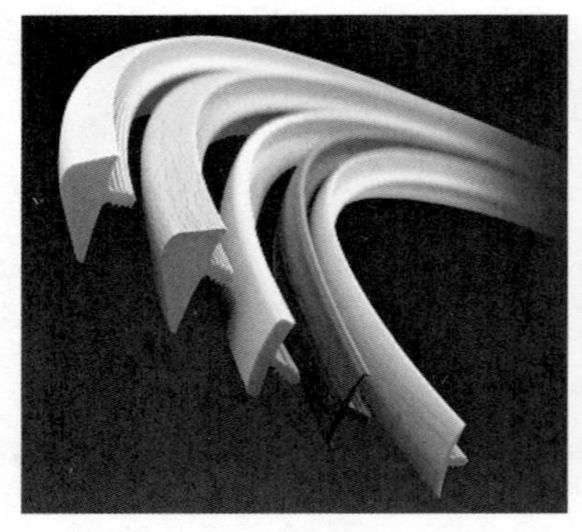

图 6-16 常用异型条

图 6-17 多色 T 形条

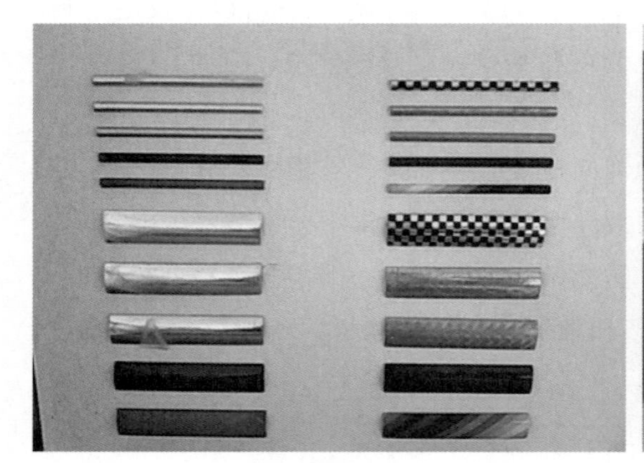

图 6-18 金银条封边条

6.3.4.2 衣柜配套异型线材

衣柜配套异型线材包括波浪板、防撞条和柜门饰条。定制衣柜的配套主要是指衣柜的门板配套，衣柜门板包括平开门和移门，其中，移门以铝合金框架为主。

（1）防撞条

防撞条主要用于定制的移门衣柜上，产品通过插入式安装在衣柜两边的竖框上，起到防撞及消音作用，与传统的毛条相比，防撞性能更好、更牢固、更美观，如图 6-19 所示。

（2）柜门饰条

柜门饰条主要针对衣柜柜门使用，特别是用铝合金来做收口的衣柜。比传统铝合金要美观，包覆效果选择多，能和衣柜面材完美搭配，如图 6-20 所示。

6.3.4.3 橱柜配套异型线材

橱柜配套的异型线材主要是指橱柜上的裙板。橱柜的裙板一般由 PVC 材料或者防水性比较好的塑料类制品制作，也有的橱柜是用同橱柜箱体或者门板的木材或者其他类材料制成，后者这类只是为了装上踢脚板后和整体效果协调。裙板可以美化和加固橱柜与地板连接处，也能起到防水的作用，如图 6–21 所示。

根据橱柜的安装，橱柜裙板与配件连接好后，直接安装到橱柜上。常使用的配件有 90° 转角、180° 转角和可调节转角，如图 6–22 所示。

图 6–19 防撞条

图 6–20 柜门饰条

图 6–21 橱柜裙板

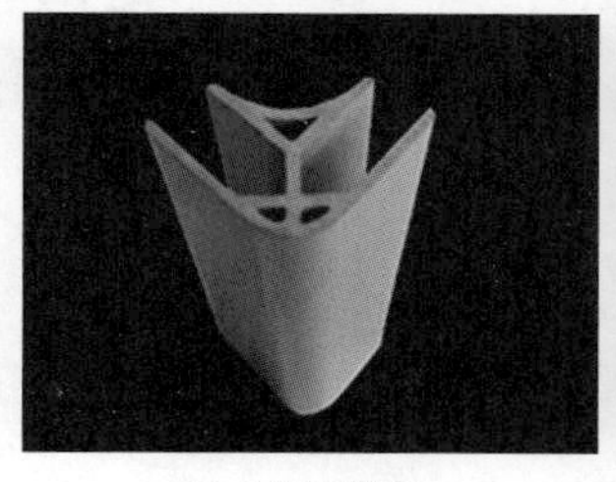

（a）90° 转角

（b）180° 转角

（c）可调节转角

图 6–22 裙板配件

6.3.4.4 地板配套产品

地板配套产品包括收口条和地脚线。

（1）收口条

收口条是在门口用来连接门外的地板的，起到过渡作用，并保护地板的边部不受水分和其他因素的影响，同时，也可以用来遮挡地板因切割造成的边缘不整齐，如图 6–23 所示。

图 6–23 地板收口条

（2）地脚线

地脚线起着视觉的平衡作用，利用它们的线形感觉及材质、色彩等与室内整体设计相互呼应，可以起到较好的美化装饰效果；踢脚线的另一个作用是保护功能。它是地面的轮廓线，视线经常会很自然地落在上面，一般装修中，踢脚线出墙厚度为 5 ~ 12mm 或者 8 ~ 15mm。为了使用方便，内部预设线槽，方便安装，如图 6–24 所示。

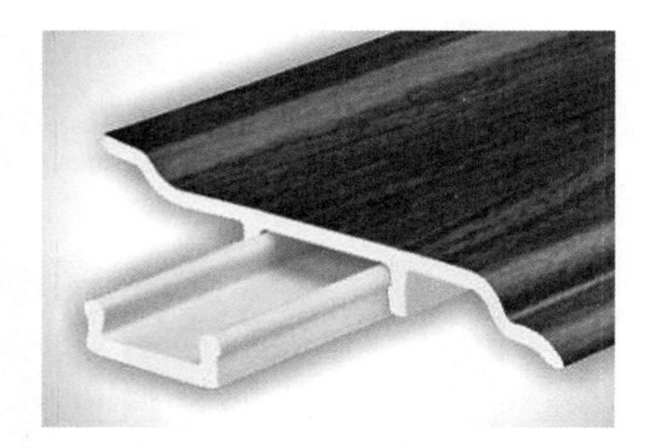

图 6–24 地脚线

本章小结

本章主要介绍了新型封边技术与封边材料在定制家具中的应用，新型封边技术包括热风封边技术和激光封边技术。相对于传统的封边技术，它们解决了由于封边热熔胶对板件封边造成的质量和工序管理复杂等问题。新型封边技术改变了传统的封边模式，让板件的封边效果更好，阻水性和抗候性也更强，不仅装饰效果更好，也提高了家具的使用寿命，增加了家具产品的价值。新封边技术的应用离不开新型封边材料，其中，激光封边带、新型环保ABS封边带和3D封边带都满足了当前消费者对定制家具提出的新需求和更高的质量要求。新型封边技术是传统封边技术的延伸和超越，是适应时代发展要求和科学技术水平发展的必然结果。

前几年，激光封边技术还只是在国外很多高端板式家具企业应用，短短的三四年，国内已经至少有上百家家具企业使用激光封边机进行封边。随着消费升级，这种新技术将不再是奢华的技术，正在快速普及。为此，国内的设备生产商和封边材料制造商，将在2023年推出激光封边机和激光封边带，也许到了明年，至少有上千家企业会用上激光封边技术，这对板式定制家具的质量将是一个很大的提升。

新技术和新材料，让消费升级成为可能。

7 板式定制家具封边质量问题研究案例分析

在板式家具生产过程中，板式部件的边部处理是非常重要的一环，它将直接影响板式家具的外观和品质，而封边是最为常用的一种边部处理形式。在生产中，封边也是造成产品质量问题最多的工序。高质量的封边不仅增加家具的视觉美感，实现功能与艺术的统一，而且保护基材免受环境湿度、温度和外力的影响，大大提高了家具的使用寿命。判断一件板式家具的质量如何，封边质量是其中较为重要的一项指标。如果说五金是板式家具的灵魂，那么封边则是板式家具的脸面。

封边的质量问题众多，但影响封边质量的问题多半发生在生产加工过程中，如设备因素、原材料因素以及生产方法等。如果生产过程没有控制好相关的影响因素，其功能就无法发挥。

本案例以某企业橱柜生产车间的封边工序为研究对象，着重研究板件封边质量问题。根据封边现状及相关文献资料，以“质量第一”为中心思想，使用相关分析工具，对封边质量普遍存在的问题进行分析，力求找到解决封边质量问题的路径与方法，供读者参考。

7.1 案例背景状况

该公司的橱柜柜身生产车间是国内家居行业领先的无尘生产车间，整个车间的设备大部分是国外进口设备。整个车间配备三台大型的开料设备，进行定制家具的生产。该车间的管理，无论在团队配备、设备设施、技术工艺，还是在质量监控、环保管理等方面，在行业里还处于比较高的水平。因此，对该公司封边工序的研究，对于其他公司来说也是一种借鉴，通过学习，取其精华，去其糟粕，从而更好地提高管理水平，保证技术的充分应用，减少质量问题的发生，提高产品的竞争力，从而赢得更大的市场。

7.1.1 案例现状

本案例中，该企业的封边设备、封边基材及封边材料见表 7–1。

表 7–1 封边设备、造型及材料种类

序号	类型	分类
1	基材	刨花板、中密度纤维板（简称中纤板）、胶合板
2	封边带	PVC 封边带、ABS 封边带
3	边部形状	直线封边、曲线封边和软成型封边
4	封边设备	350 柔性封边机、激光封边机、251 手动封边机、310 窄板封边机、标准四端封边机、双端封边机、手动封边机

7.1.1.1 封边基材

需要封边的基材主要分为刨花板、中纤板和胶合板。标准柜体的基材为防潮刨花板和中纤板，水槽柜金属铝箔板的基材为胶合板，质量均符合欧洲 E0 级环保标准。常用的刨花板厚度为 10 ~ 25mm，中纤板的厚度为 3 ~ 25mm。对于封边来说，刨花板和中纤板具有不同的属性，具体区别见表 7–2。

表 7–2 刨花板和中纤板封边差异

刨花板	中纤板
防潮能力强	防潮能力弱
硬度低	硬度高
用胶量大	用胶量少
性价比较高	性价比较低

7.1.1.2 封边条材料

主流封边带以 PVC 树脂、ABS 树脂或者压克力为原料挤塑成型，主要是对家具板材的断面进行保护、装饰、美化的材料，它可以使一件家具呈现木纹清晰、色彩缤纷的整体效果。该企业使用的主要封边带为 PVC 封边带和 ABS 封边带。PVC 封边带与 ABS 封边带的差异见表 7–3。

表 7-3　PVC 封边带与 ABS 封边带的差异

项目	PVC 封边带	ABS 封边带
图示		
定义	以聚氯乙烯为主要原料，加入增塑剂、稳定剂、润滑剂、染料等助剂，一起混炼压制而成的热塑卷材。其表面有木纹、大理石、布纹等花纹、图案，同时表面光泽柔和；具有木材的真实感和立体感；具有一定的光洁度和装饰性；具有一定的耐热、耐化学品、耐腐蚀性；表面有一定的硬度	由丙烯腈、丁二烯和苯乙烯三种化学单体合成。每种单体都具有不同特性：丙烯腈具有高强度、热稳定性及化学稳定性；丁二烯具有坚韧性、抗冲击特性；苯乙烯具有易加工、高光洁度及高强度。从形态上看，ABS 是非结晶性材料。三种单体的聚合产生了具有两相的三元共聚物，一个是苯乙烯 – 丙烯腈的连续相，另一个是聚丁二烯橡胶分散相。ABS 的特性主要取决于三种单体的比率以及两相中的分子结构
对比	1. ABS 封边带在生产过程中不添加任何填料（如碳酸钙等物质），因此修边后圆角非常圆滑亮丽，同时表面具有很强的耐冲击性能；PVC 由于添加碳酸钙填料，修边时容易出现白边； 2. ABS 封边带在高温 99℃时才会出现收缩；而 PVC 在 70℃已经会出现收缩缝，从而导致板材变形、膨胀等问题； 3. ABS 封边带具有很强的耐化学物质腐蚀能力，日久常新，咖啡、酱油、酒等都不会对其表面产生任何破坏；而 PVC 则易老化污损； 4. ABS 封边带无刺激性气味，PVC 有一种塑料的气味； 5. ABS 封边带可以直接高温燃烧，无大气污染；PVC 则产生二噁英气体，会导致温室效应的发生	

柜体板件封边统一为前见光面封厚度为 1.0mm 的同色 PVC 封边带，其余不可见光面的三边封厚度为 0.6mm 的同色 PVC 封边带。在柜体的开缺处，例如使用铝型材免拉手侧板开缺处、灶台柜侧板凹切处、底板透气网缺口处，封厚度为 0.6mm 的 PVC 封边带。窄板件使用厚度为 1.5mm 的同色 PVC 封边带，门板封边统一封厚度为 1.7mm 的同色 ABS 封边带。封边带使用规格与使用部位见表 7–4。

表 7-4　封边带使用规格与使用部位

封边带类型	厚度 /mm	宽度 /mm	封边部位
PVC 封边带	1.5	29	柜体的开缺处
		23	
	1.0	23	除特殊要求之外的所有见光的边
		35	
	0.6	29	非见光面
		23	
		22	

续表

封边带类型	厚度 /mm	宽度 /mm	封边部位
ABS 封边带	1.7	25	门板
		24	
		23	

注：很多企业缺乏表 7–4 这样归纳出来的标准，正是没有制定出适合本企业经济适用的标准，导致工艺体系混乱和复杂的生产。因此，学习这种标准化的思想和做法很重要。

7.1.1.3 胶黏剂

封边胶黏剂以热熔胶为主。热熔胶是一种环保型、无溶剂的热塑性胶。热熔胶被加热到一定温度时，即由固态转变为熔融态，当涂布到人造板基材或封边材料表面后，冷却变成固态，将材料与基材黏结在一起。该企业使用的主要封边热熔胶为 EVA 热熔胶以及 PUR 热熔胶。表 7–5 所示为该企业封边设备配置的胶种及封边带类型。

表 7–5 封边设备配置的胶种及封边带类型

项目	标准线			柔性线		
	标准四端封	双端封	310 窄板封	350 柔性封	350 激光封	251 封边机
封边胶	EVA	PUR	EVA	EVA	—	EVA
封边带	PVC 封边带	PVC 封边带	PVC 封边带	PVC 封边带	ABS 封边带	PVC 封边带

7.1.1.4 封边设备

该企业的封边设备及其加工板件见表 7–6。

表 7–6 各封边设备及其加工板件

序号	封边设备	图示	板件类型	优点
1	251 手动封边机		加工小板件、造型板件	可对宽度 ≤ 50mm、长度 ≤ 230mm 的小板件以及造型板进行加工

续表

序号	封边设备	图示	板件类型	优点
2	标准四端封边机		加工柜体板通用件（侧板、顶板、底板、层板）	1. 可对待加工板件封边、打孔、开槽要求均一致，且一次加工成型； 2. 每批次板件生产前只需要扫描一次工序跟踪单条码即可进行加工； 3. 进料、加工、出料均由设备完成，减少人工操作，节约成本，保障产品质量； 4. 设备加工精度高，工序成品摆放整齐，提高抽查检验效率
3	310 窄板封边机		加工柜体板通用窄板件	1. 板件尺寸、封边、开槽要求均一致，设备输入加工参数后可进行批量加工； 2. 减少人工操作，节约成本，保障产品质量； 3. 可加工板件尺寸较大，满足生产需求
4	350 柔性封边机		加工柜身定制板件（宽度范围 120～1210mm，长度范围 240～2440mm）	1. 加工尺寸范围大，可以满足不同尺寸板件的封边要求； 2. 根据标签信息自动选择封边带及是否开槽； 3. 加工精度较高，封边后板件尺寸、大小头、开槽等偏差在 ±0.2mm 以内
5	激光封边机		加工三胺门板（宽度范围 120～1210mm，长度范围 240～2440mm）	1. 加工尺寸范围大，可以满足不同尺寸板件的封边要求； 2. 根据标签信息自动选择封边带是否开槽； 3. 加工精度较高，封边后板件尺寸、大小头、开槽等偏差可以控制在要求范围以内； 4. 不会出现因胶水未清洁干净引起的脏污； 5. 板件破木率高，剥离强度大； 6. 省去加胶、换胶锅时间，提高效率； 7. 封边带与饰面无缝过渡，没有胶线

7.1.2 研究方法

本案例主要通过对封边工序中出现的质量问题进行研究，收集和实测数据以及查阅国内外相关研究资料，通过对数据分析，从而归纳出对板式封边过程中质量问题的控制方法，为消除质量问题、提高封边质量提供依据。

7.1.2.1 数据透视表

数据透视表是一种交互式的表，可以进行某些计算，如求和与计数等。所进行的计算与数据跟数据透视表中的排列有关。之所以称为数据透视表，是因为可以动态改变它们的版面布置，以便按照不同方式分析数据，也可以重新安排行号、列标和页字段。每一次改变版面布置时，数据透视表会立即按照新的布置重新计算数据。另外，如果原始数据发生更改，则可以更新数据透视表。

7.1.2.2 饼图分析法

饼图英文名为 Sector Graph，又名 Pie Graph，常用于统计学模块。2D 饼图为圆形，手绘时，常用圆规作图。饼图显示一个数据系列（数据系列：在图表中绘制的相关数据点，这些数据源自数据表的行或列；图表中的每个数据系列具有唯一的颜色或图案且在图表的图例中表示；可以在图表中绘制一个或多个数据系列；饼图只有一个数据系列）中各项的大小与各项总和的比例。饼图中的数据点（数据点：在图表中绘制的单个值，这些值由条形、柱形、折线、饼图或圆环图的扇面、圆点和其他被称为数据标记的图形表示；相同颜色的数据标记组成一个数据系列）显示为整个饼图的百分比。

7.1.2.3 鱼骨图分析法

鱼骨图由日本管理大师石川馨先生所发明，故又名石川图。鱼骨图是一种发现问题产生根本原因的方法，也称为“因果图”。其特点是简洁实用，深入直观。它看上去有些像鱼骨，问题或缺陷（即后果）标在“鱼头”外。在鱼骨上长出鱼刺，上面按出现机会多少列出产生问题的可能原因，有助于说明各个原因之间是如何相互影响的。

7.1.2.4 人、机、料、法、环分析

人、机、料、法、环是对全面质量管理理论中的五个影响产品质量的主要因素的简称。人，指制造产品的人员；机，指制造产品所使用的设备；料，指制造产品所使用的原材料；法，指制造产品所使用的方法；环，指产品制造过程中所处的环境。

7.2 封边质量数据收集与分析

本案例研究所选取的封边设备主要有 350 柔性封边机、激光封边机、251 手动封边机、310 窄板封边机和标准四端封边机。封边带以 PVC 和 ABS 封边带为主，基材以刨花板为主。

7.2.1 封边质量问题数据收集

本案例以该企业在两个月的生产过程中对封边质量抽检进行统计分析，以每周为时间节点对每台封边设备进行分析，分析不同的封边质量问题，再根据不同的质量问题找到其产生的主要原因。如图 7–1 所示为该企业两个月中封边质量合格率的透视表。

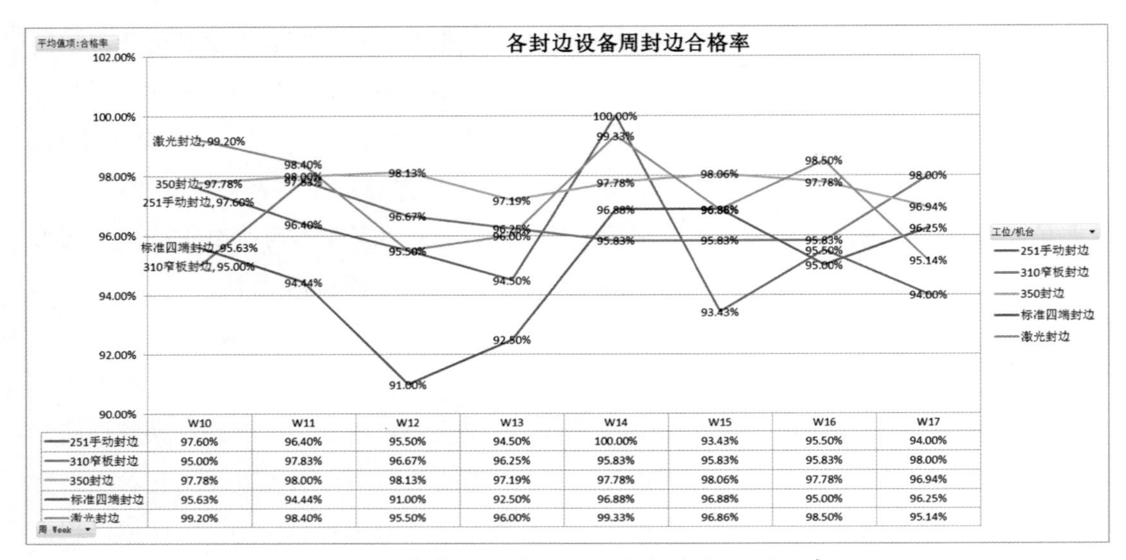

	W10	W11	W12	W13	W14	W15	W16	W17
251手动封边	97.60%	96.40%	95.50%	94.50%	100.00%	93.43%	95.50%	94.00%
310窄板封边	95.00%	97.83%	96.67%	96.25%	95.83%	95.83%	95.83%	98.00%
350封边	97.78%	98.00%	98.13%	97.19%	97.78%	98.06%	97.78%	96.94%
标准四端封边	95.63%	94.44%	91.00%	92.50%	96.88%	96.88%	95.00%	96.25%
激光封边	99.20%	98.40%	95.50%	96.00%	99.33%	96.86%	98.50%	95.14%

图 7–1 各封边设备周封边合格率数据透视表

为证实研究的可行性和数据的有效性，本研究中橱柜封边板件合格率数据的收集主要依靠本部门的柜身检验专员所做的封边板件的质量异常记录表（表 7–7）进行数据分析。

表 7–7 3 月和 4 月各设备封边板件质量异常记录

封边设备	检验件数	合格件数	不良件数	总合格率
251 手动封边机	1950	1862	33	95.49%
310 窄板封边机	1075	1037	36	96.47%
350 封边机	2480	2423	46	97.70%
标准四端封边机	1320	1252	45	94.85%
激光封边机	1930	1875	26	97.15%
总计	8755	8449	186	96.50%

根据图 7–1 所示各封边设备周封边合格率数据透视表以及表 7–7 中 3 月和 4 月各设备封边板件质量异常记录可知，除了标准四端封边机外，其他各封边设备板件总合格率均能稳定地控制在 95% 以上，说明各封边设备并没有出现板件批量事故问题。标准四端封边机近 8 周封边质量检验周合格率普遍偏低，且总合格率最低，为 94.85%。

7.2.2　封边质量问题数据分析

根据收集到的数据，对这两个月各封边设备的封边板件抽检情况进行分析。

7.2.2.1　350 柔性封边机质量问题

350 柔性封边机质量问题分析如图 7–2 所示。

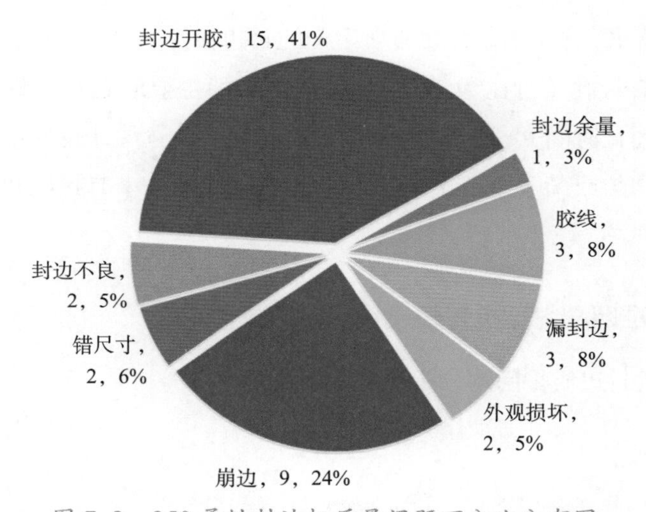

图 7–2　350 柔性封边机质量问题百分比分布图

由图 7–2 可以看出，350 柔性封边机所生产的封边板件产生的主要质量问题为封边开胶（占比为 41%）以及崩边（占比为 24%）。封边不良的主要原因是封边胶胶量不足、板件和封边带在压合过程中压轮的压力不足，导致开胶，板件在生产中遇设备故障暂停，导致激光停止扫射某一段边带；崩边的主要原因是饰面纸与基材胶合强度不够，板材没过养生期，含水率可能本身偏低，到预铣时导致板件崩边掉角，以及开料锯片或预铣刀具不锋利等。

7.2.2.2　251 手动封边机质量问题

251 手动封边机质量问题分析如图 7–3 所示。

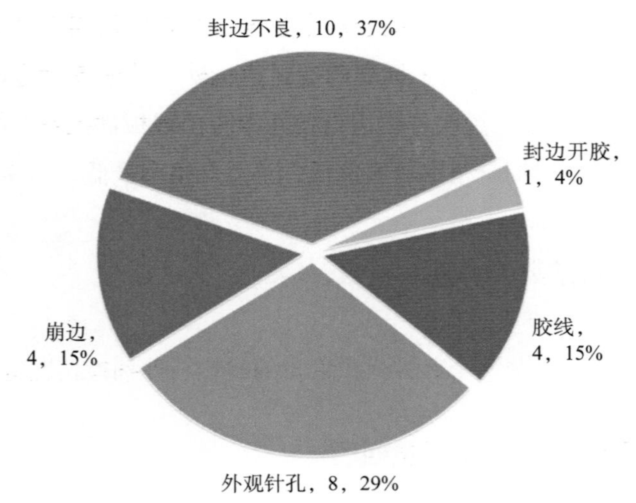

图 7-3　251 手动封边机质量问题百分比分布图

由图 7-3 可以看出，251 手动封边机所生产的封边板件主要质量问题为封边不良（占比为 37%）以及外观针孔（占比为 29%）。封边不良的主要问题是板件脏污。板件脏污的主要原因是熔胶固化时间太长，导致板件易沾灰。引起外观针孔的主要原因是封边过程中封边胶涂抹不均匀或某一小节出现漏涂，从而导致某一小节封板和基材没有胶黏在一起。

7.2.2.3　标准四端封边机封边质量问题

标准四端封边机封边质量问题分析如图 7-4 所示。

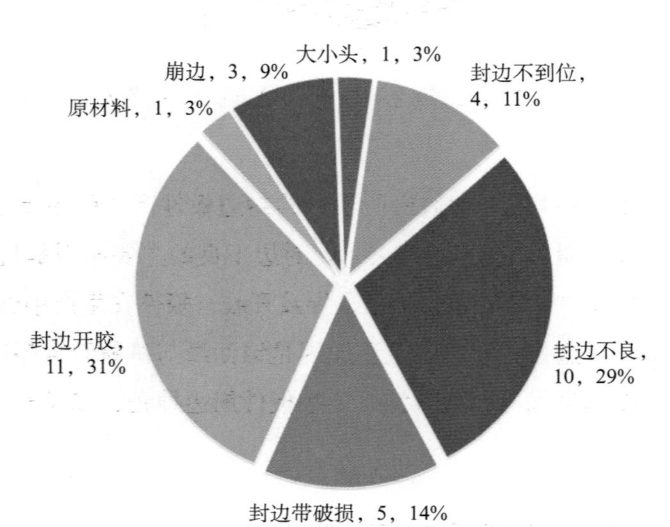

图 7-4　标准四端封边机质量问题百分比分布图

由图 7–4 可以看出，标准四端封边机所生产的封边板件主要质量问题为封边开胶（占比为 31%）以及封边不良（占比为 29%）。开胶主要原因是目前封边使用的胶黏剂主要是 EVA，但设备是 PUR 的供胶系统。由于胶黏剂和供胶系统不协调导致供胶不足，加工的产品会有开胶的现象。封边不良的主要原因是当加工板件尺寸宽度≤263mm、长度≥1363mm 时，夹具夹不稳板件，加工时会损坏板件。

7.2.2.4 310 窄板封边机质量问题

310 窄板封边机质量问题分析如图 7–5 所示。

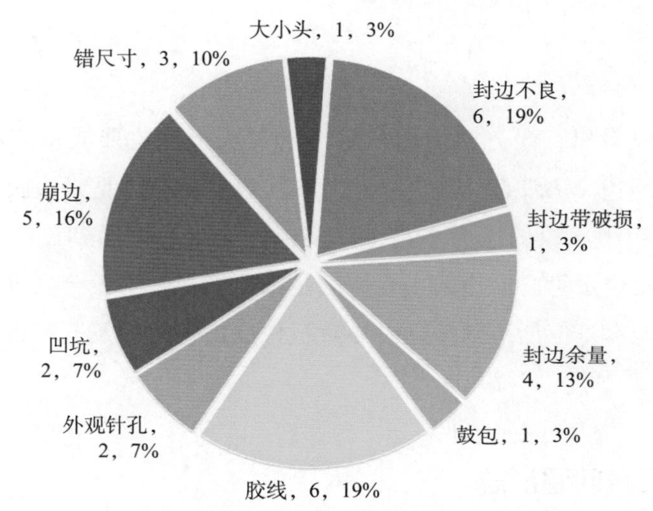

图 7–5 310 窄板封边机质量问题百分比分布图

由图 7–5 可以看出，310 窄板封边机所生产的封边板件主要质量问题为封边不良（占比为 19%）、胶线（占比为 19%）以及崩边（占比为 16%）。封边不良的主要原因是封边胶涂胶量不足，并且板件和封边带在压合过程中压轮压力不足，导致开胶；还有就是板件在生产中遇设备故障暂停，导致激光停止扫射某一段边带。产生胶线的主要原因是封边过程中封边胶涂抹过多，导致封边板胶线不合格。崩边的主要原因是饰面纸与基材胶合强度不够、板材没过养生期、含水率可能本身偏低，到预铣时导致板件崩边掉角、开料锯片或预铣刀具不锋利等。

7.2.2.5 激光封边机封边质量问题

激光封边机封边质量问题分析如图 7–6 所示。

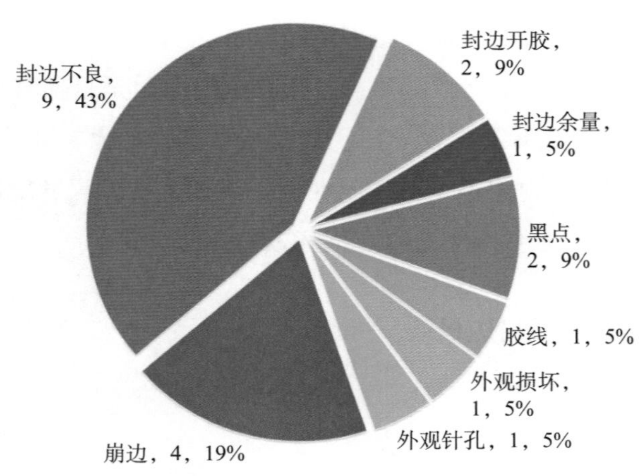

图 7-6 激光封边机质量问题百分比分布图

由图 7-6 可以看出，激光封边机所生产的封边板件主要质量问题为封边不良（占比为 43%）以及崩边（占比为 19%）。封边不良的主要原因是封边胶胶量不足、板件和封边带在压合过程中压轮的压力不足，以及板件在生产中遇到设备故障暂停，导致激光停止扫射某一段边带等。崩边的主要原因是饰面纸与基材胶合强度不够、板材没过养生期、含水率可能本身偏低，到预铣时导致板件崩边掉角以及开料锯片或预铣刀具不锋利等。

7.2.3 封边质量问题汇总

根据以上数据分析，该企业板件的封边质量问题主要体现在原材料不良、外观针孔、外观损坏、漏封边、胶线、黑点、鼓包、封边余量、封边开胶、封边带破损、封边不良、封边不到位、大小头、错尺寸、崩边掉角和凹坑等，其封边质量问题汇总见表 7-8。

表 7-8 封边质量问题汇总

序号	不良类型	图例	主要原因	技术要求
1	原材料		板材、封边胶以及封边带本身不合格，从而导致封边质量问题	保证符合相关质量标准要求

续表

序号	不良类型	图例	主要原因	技术要求
2	外观针孔		封边过程中封边胶涂抹不均匀或某一小节出现漏涂，从而导致某一小节封板和基材没有胶黏在一起	必须无针孔
3	外观损坏	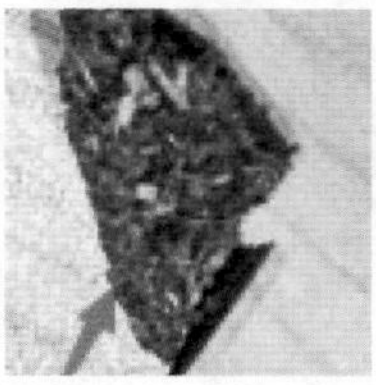	1. 板材还没有转换封边面时，板件与设备磕碰导致； 2. 板件自身偏厚，在封边机精修过程中导致板件破损	无损坏
4	漏封边		进料过程中，操作工没有检查清楚，导致板件没有经过封边直接进入下一工序	板件必须封边
5	胶线		封边过程中，封边胶涂抹过多，胶量过多导致封边板胶线不合格	封边无明显胶线
6	黑点	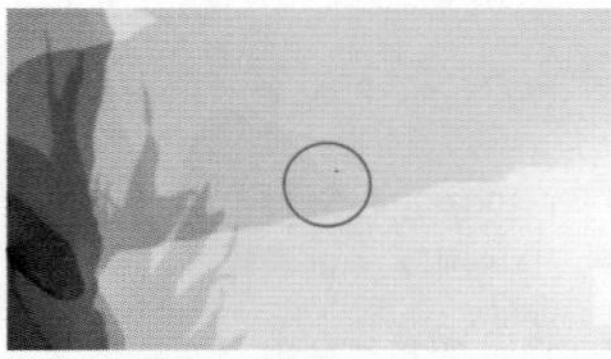	1. 饰面纸自身出现黑点； 2. 饰面纸与基材贴合过程中，饰面纸与钢板之间有杂质，且压合完成后杂质无法从板件上掉落	500mm 距离观察不允许有黑点
7	鼓包	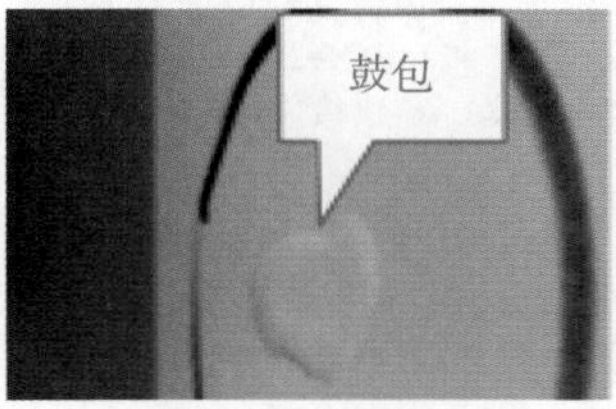	1. 在压贴过程中，基材自身有水滴，导致高温压贴以后，水滴蒸发成为水蒸气，而板件冷却以后，饰面纸与基材之间产生小气泡； 2. 在压贴过程中，基材表面有杂质没有被清理，直接与饰面纸压合在一起，导致板件出现鼓包	500mm 距离观察不允许有鼓包
8	封边余量	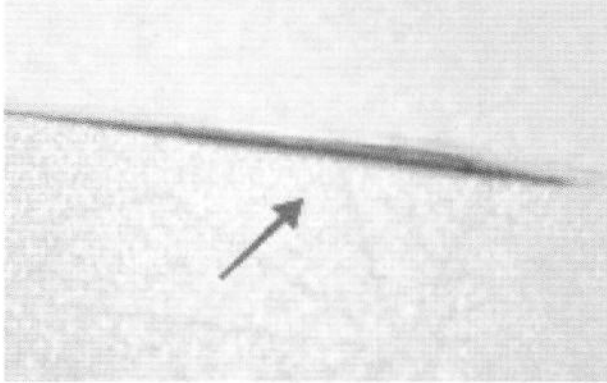	设备调到标准板件的厚度18mm，当板件偏薄时，板件在精修过程就有可能修不到边，使封边带有余量	封边余量<0.1mm，手感光滑，无凸出和不平

续表

序号	不良类型	图例	主要原因	技术要求
9	封边开胶	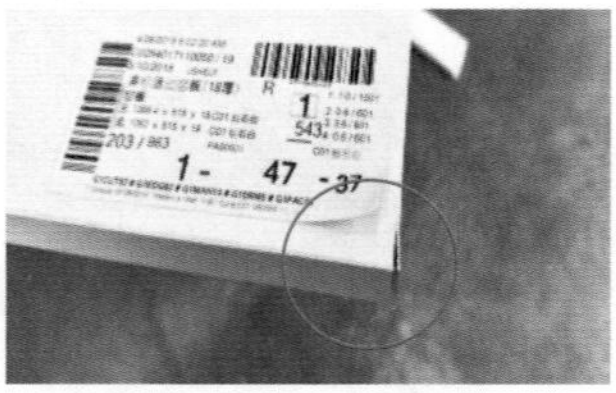	1. 封边胶胶量不足； 2. 板件和封边带在压合过程中压轮的压力不足，导致开胶； 3. 板件在生产中遇设备故障暂停，导致激光停止扫射一段边带	封边无开胶
10	封边带破损	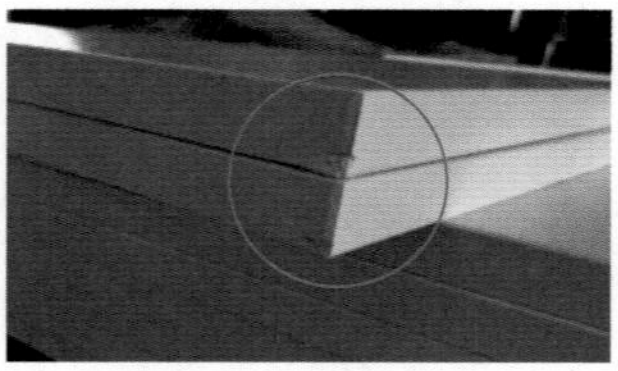	封边过程中，封边设备的传输滚筒停顿而刀具还在工作，导致封边带被刮刀修坏	封边带花色与板件花色一致，无明显色差
11	封边不良		1. 封边过程中，封边带本身没有封好； 2. 板件有明显污渍	无残留胶痕、灰尘和杂物（正常视力，300mm视距），板面无明显油污，如防锈油、分离剂、清洗剂等
12	封边不到位		板件涂胶过程中，设备卡顿，导致板件与封边带结合时没有结合到位	封边带与板件齐平，且厚边倒角 R=2mm，倒角光滑，无凹凸感
13	大小头	 	1. 设备开料过程中，锯片切割尺寸未调好，导致板件切割尺寸不标准； 2. 板件开料过程，部分板件厚度偏薄，导致开料厚度有偏差，因此，板件压合切割的时候板件没压紧，导致板件切割出现大小头	板件尺寸误差保证在长度方面 ±0.5mm 及宽度偏差在 ±0.5mm
14	错尺寸		板件实际尺寸与标签尺寸不一致	板件尺寸必须与标签尺寸一致

续表

序号	不良类型	图例	主要原因	技术要求
15	崩边掉角		1. 饰面纸与基材胶合强度不够； 2. 板材没过养生期，含水率可能本身偏低，到预铣时导致板件崩边掉角； 3. 开料锯片或预铣刀具不锋利	500mm 距离观察不允许有崩边
16	凹坑		饰面纸与基材贴合过程中，饰面纸与钢板之间有杂质，压合完毕杂质掉落后留下凹坑	500mm 距离观察不允许有凹坑

7.3 封边质量的控制及优化

根据上节对封边质量的分析和汇总，对不同封边的不良类型进行了总结分析。根据问题的分类一一提出了优化及控制方案。如果用鱼骨图表达，更直观，如图 7-7 所示。

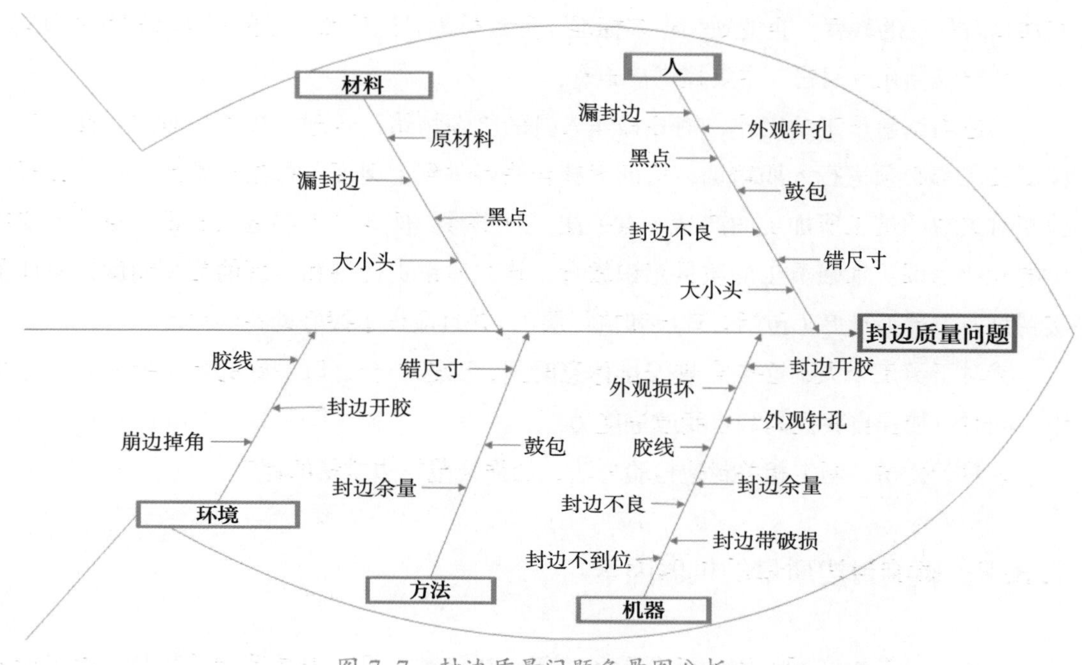

图 7-7 封边质量问题鱼骨图分析

7.3.1 影响封边质量的人员因素

人员因素是影响质量问题的主要因素，工厂即使拥有最先进的设备、质量良好的原材料、科学先进的生产方式，而且工作环境也很适宜生产，但是如果没有严谨、负责和专业的员工，产品质量也难以保证。这就是为什么说人是第一生产力，是第一资源。

这里由人员因素而导致封边质量问题的主要原因有以下几点：

7.3.1.1 人员心理因素

人员心理活动的多变会导致产品的不良质量，例如粗心大意、责任心不强、质量意识薄弱、由于工作枯燥所产生的厌烦情绪等。

7.3.1.2 人员生理因素

人员的生理因素影响质量问题的主要是过度疲劳，例如睡眠不足、缺乏劳逸结合等原因所导致的无精打采、筋疲力尽、粗心大意、心不在焉等，这些会直接造成判断错误以及操作不当，从而影响产品质量。

7.3.1.3 企业制度因素

对员工没有安排入职培训，也没有针对个人或岗位的培训，从而导致员工不了解操作规范或不遵守操作规程；相关管理部门监督管理不到位，监督产品质量力度不够；没有加强对员工的教育；企业缺失很多标准，导致员工只能按照自己的想法和理解去做等。

针对以上几点问题，主要控制措施有：

①适当调整员工的工作，消除操作人员的厌烦情绪；合理安排工作时间；针对每一位新员工都必须进行入职培训，培训考核合格者拿到上岗证方可参与生产工作，并对经验相对欠缺的员工所加工的产品重点关注；对于每一位老员工都定期安排针对个人或岗位的专业培训。加强员工的质量意识教育，建立质量责任制和合理的奖惩制度，责任落实到每一个员工身上（包括管理层和执行层），并且应该掌握好处罚的尺度。

②对于员工个人，必须合理安排休息时间，劳逸结合，以最好的状态投入到工作当中；同时，加强自我提高和自我改进能力。

③对于公司，制定相关封边检验方法，加强规范封边质量的评定。

7.3.2 影响封边质量的机器因素

设备不只是生产所使用的机器设备，还包括各种工具、刀具等相关物品。由于设备因素而导致质量问题的主要原因有以下几点：

7.3.2.1　设备的不良使用

对设备的性能和操作规范不熟悉，就会产生不良使用，导致质量问题。

7.3.2.2　设备缺乏点检

在设备使用的前、中、后阶段，没有对设备的性能和状态进行详细的确认；在开机、维修、停机 2h 以上，以及更换原材料后生产第一件产品时，均没有实行首件检验制度，这很容易造成批量事故，导致严重的质量事件。

7.3.2.3　设备缺乏维护

设备的日常维护不到位，就会影响生产效率，降低设备使用寿命，加快设备折旧，导致产品精度不够，造成质量问题。如图 7–8 所示，封边机的送料升降台上堆满了各种规格尺寸的板件，造成无法正常生产，不仅会造成生产停顿，还会影响产品质量。

图 7–8　封边机送料升降台堆满板件

以上仅列举了三个方面，不良使用设备将造成的质量问题。其实，实际当中远不止上面所述的三种情况。不同类型的封边设备如果使用不当，会造成各种各样的质量问题，见表 7–9。

表 7–9　不同类型的封边设备使用不当可能造成的质量问题

序号	不同类型的封边设备	可能造成的质量问题
1	标准四端封边机	1. 扫描条码后设备自动调整加工参数，若零部件位置偏差，易导致批量质量事故； 2. 目前封边使用的胶黏剂主要是 EVA，但设备是 PUR 的供胶系统，由于胶黏剂和供胶系统不协调导致供胶不足，加工的产品会有开胶的现象； 3. 加工板件尺寸宽度≤ 263mm，长度≥ 1363mm 时，夹具夹不稳板件，加工时会损坏板件
2	310 窄边封边机	1. 扫描条码后设备自动调整加工参数，若零部件位置偏差，易导致批量质量事故； 2. 加工板件宽度不足≥50mm
3	251 手动封边机	封边效果不良，胶线明显，需要再次处理，效率偏低

续表

序号	不同类型的封边设备	可能造成的质量问题
4	350 柔性封边机	1. 封边板件易出现脏污； 2. 板件破木率、剥离强度不理想，不如 251 手工封边机或 310 窄板封边机； 3. 使用过程容易出现故障码等
5	激光封边机	对封边板件厚度要求高，容易出现封边余量

主要控制措施有：

①设备的点检。设备的点检是针对单台设备，必须在开工后 30min 内完成，根据不同封边设备的点检要求，要明确点检的具体方法，如用“五感”（看、听、摸、闻、问）或用仪器、工具进行。封边设备的点检由各封边机当班设备的使用者具体实施。使用者在点检过程中发现的问题要及时处理，并将处理结果填入《设备日常点检表》。

②加强机器设备的维护和保养，制定维护和保养的标准，并定期按照标准检测、维修设备。

TPM 是英文 Total Productive Maintenance 的缩略语，译为全员生产维护，也有译为全员生产保全，是指以设备综合效率和完全有效生产率为目标，以检修、维修系统解决方案为载体，以员工的行为规范为过程，全体人员参与为基础的生产和设备保养维修体制。TPM 管理看板如图 7–9 所示。

图 7–9　机台 TPM 管理看板

TPM 的目标可以概括为四个“零”，即停机为零、废品为零、事故为零、速度损失为零。停机为零指计划外的设备停机时间为零；废品为零指由设备原因造成的废品为零；事故为零指设备运行过程中事故为零；速度损失为零指设备速度降低造成的产量损失为零。

四个“全”是由定义衍生而来的，分别是全效率、全系统、全规范、全员。

OPL 是 TPM 评比中的一个重要项目，OPL 全称是 One Point Lesson（单点教材），是一种在现场进行培训的教育方式，并且把教材制成一个表格，作为评比依据。

“自主改善”也是TPM评比当中的一个重要项目，是员工自主发现问题并且解决问题的一个过程，并且把这个过程制成表格作为评比依据，如图7–10所示。

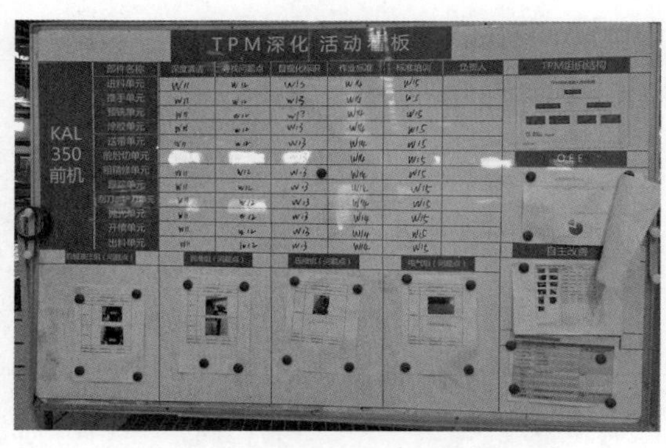

图7–10 TPM深化活动看板

7.3.3 影响封边质量的材料因素

原材料的质量好坏直接影响封边质量，原材料主要是指板材、封边胶以及封边带。

7.3.3.1 板材原因及控制措施

（1）板材质量原因

原材料中板件的主要影响因素为厚度。在工厂里，封边基材要求控制压贴后厚度为18mm，要求厚度偏差为 ±0.2mm。其次为板材的外观质量，如崩边会影响表面胶合强度。

（2）板材质量控制的措施

板件必须使用养生期的板材；在原材料采购过程中，必须让供应商明确材料的质量要求标准，做好质量控制和质量保证工作；物料的搬运必须制定详细的标准，并且加强在原材料搬运过程中的防护，如图7–11所示，图中待封边的板件堆垛很高，在物流过程中很容易跌落碰坏。

图7–11 堆垛很高的待封边板件

7.3.3.2 封边胶的原因及控制措施

（1）封边胶原因

封边胶主要为手动封边机的低温EVA封边胶、激光封边带上的ABS功能层以及其他封边机所使用的EVA封边胶和PUR封边胶。封边胶所引起的封边质量问题主要为涂胶轴的温度，除了机器本身的调试问题而引起温度偏差造成封边质量问题，还有周围环境的温度影响封边胶与板件的胶合强度。

（2）封边胶控制措施

进行封边作业时，应根据季节的变换设置不同的熔胶温度，通常冬季应比夏季高

10℃。夏季熔胶温度宜设置为 170～190℃，涂胶温度宜设置为 180～200℃。如表 7–10 所示使用不同封边胶的温度设置。这个表也非常值得家具企业参考。

表 7–10　不同封边胶设置的温度参数

		EVA	PUR	激光封边	低温 EVA
胶线 /mm		≤ 0.2	≤ 0.1	无	≤ 0.5
熔胶温度 /℃	夏季	170～190	170～190	170～190	170～190
	冬季	180～200	180～200	180～200	180～200
涂胶温度 /℃	夏季	180～195	180～195	180～195	180～195
	冬季	190～210	190～210	190～210	190～210
中纤板涂胶量 /（g/m^2）		185～220	185～220	185～220	185～220
刨花板涂胶量 /（g/m^2）		220～280	220～280	220～280	220～280

7.3.3.3　封边带原因

封边带如图 7–12 所示。封边带所造成的封边质量问题主要因素是色差。为避免封边带色差造成封边质量问题，主要解决方案是进行封边带的来料检测，对每一次来料必须对照色板进行检测，并进行批次封边带的色差检验，合格之后才能投入生产。

图 7–12　各种花色的激光封边机封边带

综上，由于原材料因素而导致质量问题的主要原因有以下几点：

（1）原材料因素

①在原材料采购过程中，没有给供应商明确规定质量要求。

②没有对原材料的来料进行检验，以及没有对工厂自制的零部件进行检验。

③没有定期对长期供应商所提供的原材料进行检验；没有做好质量控制和质量保证工作。

④没有制定物料的搬运标准，也没有对物料进行任何的保护措施。

（2）控制措施

①对供应商明确提出质量要求，符合要求方可签订采购合同。

②定期对原材料的进厂以及对工厂内自制零部件进行检验。

③定期对长期供应商所提供的原材料进行检验，做好质量控制和质量保证工作。

④必须制定物料的搬运标准，并且加强在原材料搬运过程中的防护。

7.3.4　影响封边质量的方法因素

所谓方法得当就会事半功倍，否则就会事倍功半，事与愿违。这里讲的方法，对于封边质量管理来讲，是指生产过程中封边岗位的作业指导书、首检制度以及抽检制度等。

由于质量管理方法因素而导致质量问题的主要原因有以下几点：

（1）不良的质量管理方法

①工厂针对质量管理缺乏相应的产品质量标准，导致生产的无序和混乱。

②制定的质量管理标准、作业标准、操作规程都没有根据实际出发，导致这些标准形同虚设，没有发挥作用。

③技术人员对于工艺图纸的设计、修改和审核不够细心、严谨。

④操作人员在生产中没有按照操作规程、作业标准，从而生产出不良品。

（2）改善的主要控制措施

①完善封边机主、副操手的作业指导书。针对不同的封边设备制定相应的作业指导书。作业指导书的作用是指导每一位工作人员能够按要求加工，以方便产线在换人或换线时仍能正确操作的文件。

②首检制度。首件检测制度结合了人和设备的优点，具有操作简单、生产效率高的特点。两者结合，一方面利用设备的方便、快捷、能连续生产的特点，另一方面利用人工抽样检测产品，及时排除因为机器故障导致产品批量出错，由此形成一种新的质量管理方法。每台设备在开机、维修、停机 2h 以上，更换原材料后生产第一件产品的时候均要进行首件检验制度。

③抽检制度。想要了解一批产品的质量状况，要通过抽样和对样品进行检测做出判断。抽样检验是从同一批次封边的板件当中，按照规定的抽样方案随机抽取适量的封边板件作为样本，对样本进行全数检验，并依据样本的检验结果对全批封边板件做出合格与不合格的判定。对批量生产的封边板件，必须制定不同封边板件的检验标准及检验方

法的规范，每一次的抽检都必须记录在《抽检记录表》上。本案例的该车间某年 3 月和 4 月的封边板件周合格率分析，正是基于质检员对封边板件日常抽检所做的抽检记录表进行的。

④产品质量要求、工艺规程。封边质量标准是板材生产、检验和评定封边质量的技术依据。对企业来说，为了使生产经营能够有条不紊地进行，则从原材料进厂，一直到产品销售等各个环节，都必须有相应标准作为保证。因此，针对封边工序，该企业对于不同封边板材制定了相应的封边质量标准，从板件的工艺规范到板件的质量检验都有相应的标准。以下是各封边工序主要尺寸及其偏差要求，见表 7-11 至表 7-13。

表 7-11　251 封边工序主要尺寸及其偏差

序号	检验项目	技术要求		
1	柜身板尺寸误差	受检部件与实测值允差 /mm	长度	± 1.0
			宽度	± 1.5
2	门板尺寸误差		长度	−0.5
			宽度	−1.0

表 7-12　激光封边工序主要尺寸及其偏差

序号	检验项目	技术要求		
1	柜身板尺寸误差	受检部件与实测值允差 /mm	长度	−0.5
			宽度	
2	对角线误差	对角线长度≤1400mm/mm		−0.5
		对角线长度 >1400mm/mm		−1.0

表 7-13　自动封边工序主要尺寸及其偏差

序号	检验项目	技术要求		
1	尺寸误差	受检部件与实测值允差 /mm	长度	± 0.5
			宽度	
2	对角线误差	对角线长度≤ 1400mm/mm		± 0.5
		对角线长度 >1400mm/mm		± 0.5
3	槽误差	受检产品图样尺寸与实测值允差 /mm	槽位	± 0.3
			槽宽	
			槽深	

7.3.5 影响封边质量的环境因素

所谓环境，一般指生产现场的温度、湿度、噪声干扰、震动、照明、室内净化和现场污染程度等，封边工序生产环境如图 7-13 所示。在确保产品对环境条件的特殊要求外，还要做好现场的整理、整顿和清扫工作，大力搞好文明生产，为持久地生产优质产品创造条件。而影响封边问题的主要环境因素是温度和湿度。

图 7-13 封边工序的生产环境

由于环境因素而导致质量问题的主要原因有以下几点：

①生产现场的各种设备、工具、半成品、原材料等杂乱摆放，没有定点、定位放置，导致员工的低效以及半成品的磕碰损坏。

②生产现场的温度或湿度不适宜、噪声干扰、照明不足等问题严重，造成员工的操作不当及失误。

③生产现场污染严重，脏、乱、差，没有维持干净、整洁的工作环境，容易使原材料或半成品造成无法清理干净的污渍。

针对环境因素，主要控制措施有以下几点：

（1）定点摆放

对生产现场的各种设备、工具、半成品、原材料等进行定点、定位放置。

（2）定期检查

定期检测生产现场的温度、湿度、噪声及照明等，并对其进行整改或做出防护措施，例如噪声干扰大，可以给员工配备耳塞等。

（3）整理、整顿和清扫工作

做好生产现场的整理、整顿和清扫工作。

（4）温度控制

当生产环境处于冬季时，封边胶涂布在基材上很快就被周边低温空气和基材吸走部分热量，缩短了热熔胶的“露置时间”，表面形成了一层表膜，阻隔了热熔胶的浸润，从而造成假性黏合或黏合不良。就此问题可以采取如下措施：

①有条件的地方可将环境温度保持在 18℃以上（基材应在 18℃环境中）。

②将基材预热和升高热熔胶箱温度，保持在 10 ~ 15℃。

③提高封边速度。

④选用“露置时间”偏长、浸润效果好的热熔胶。

（5）湿度控制

当生产环境处于雨季时，空气中湿度上升，空气中的水分吸附在基材上，导致封边板件厚度增大，从而造成封边余量的可能。就此问题，可以采取缩短开料和封边之间的间隔时间等相关措施来避免质量问题。

本章小结

任何行业都面临着质量、成本和交付这个“铁三角”难题。质量是企业赖以生存和发展的保证，是开拓市场的生命线。质量管理不只是在产品终端所进行的管理，而是从产品研发到原材料的购买，到产品的生产过程都与质量管理息息相关。影响质量的问题千千万万，需要时刻执行“不制造不良品、不传递不良品、不接受不良品”的生产“三不”原则，紧抓产品质量，从而实现质量全面提升。

本章用一个真实的研究案例，对某定制家具公司的封边工序质量问题和质量管理进行了全方位的研究与分析，并针对各方面的问题提出了针对性的改善与控制措施。该案例的研究内容与结果值得各定制家具企业借鉴与参考。

其实，虽然本章针对的只是封边工序的研究，但是在整个家具生产过程中，每一个工序、每一个环节都需要这样的研究，都应该有标准和规范，都应该有一套防止问题发生的管理制度和体系，都应该健全“人、机、料、法、环”的每一个因素的管理制度和管理标准，并让其中的信息互通有无，实现无缝对接，保证企业通过信息化的管理手段对整个供应链体系快速做出正确的诊断，预防质量问题的发生，并能够快速纠错和及时修复系统，防止以后不再发生重复性的问题，保证企业整个生态系统的健康运行和可持续发展。

参考文献

[1] 刘晓红，高新和．封边工序的工时测定 [J]．林产工业，2003 (4)：45～48.

[2] 刘晓红，江功南．板式家具制造技术及应用 [M]．北京：高等教育出版社，2010.

[3] 刘晓红．中国定制家居行业的现状与发展要素分析 [J]．家具与室内装饰，2017 (6)：17～20.

[4] 刘晓红．板式家具标准化探析 [J]．木材工业，2004 (4)：20～23.

[5] 刘晓红．大规模定制的路径选择 [J]．办公家具，2015 (12).

[6] 刘晓红，王瑜．板式家具五金概述与应用实务 [M]．北京：中国轻工业出版社，2017.

[7] 刘晓红，袁海翔，陈庆颁，等．TopSolid Wood 软件设计技术与应用 [M]．北京：中国轻工业出版社，2017.

[8] 王军．板式家具封边质量的控制研究 [D]．南京林业大学，2009.

[9] 杨俊魁，黄安民，林秋兰．封边工艺参数对人造板封边质量的影响 [J]．中国人造板，2014 (11)：25～28.

[10] 祁忆青，许柏鸣．家具板件裁板后摆放时间对封边质量的影响 [J]．中国人造板，2007 (9)：16～18.

[11] 张晨威．某装配车间生产线平衡问题研究 [D]．沈阳工业大学，2017.

[12] 文超．板式家具塑料封边条玻璃强度研究 [D]．南京林业大学，2013.

[13] 杨雪慧，王红强，廖桂福．定制家具行业发展现状及对策研究 [J]．中国人造板，2016 (7)：1～5.

[14] 顾加洲．单边直线封边机生产效率研究 [D]．南京林业大学，2012.

[15] 郝景新．板式家具典型作业岗位工时与产能研究 [D]．南京林业大学，2006.

[16] 曹平祥．板式家具部件的封边工艺及刀具配置 [J]．木材工业，2007 (1)：30～32.

[17] 祁忆青．板式家具工序质量的研究 [D]．南京林业大学，2005.

[18] 李晓霞．板式家具塑料封边条尺寸稳定性研究 [D]．南京林业大学，2010.

[19] 叶晓勇，罗兴强，张岩松．激光封边技术在板式家具生产中的应用 [J]．中国人造板，2017，24 (4)：20～23.

[20] 顾加洲，李军．提高直线封边机生产效率的途径 [J]．家具，2012 (5)：91～93.

[21] 荀宏．全自动直线封边机的安装及调试技巧 [J]．林业机械与木工设备，2007 (1)：54～55.

[22] 丁翼，马连祥，付晓．板式家具封边技术的研究进展 [J]．家具，2017，38 (4)：17～19.

附录　缩写名词表

附表　缩写名词

序号	英文简称	英文全称	中文全称
1	ABS	Acrylonitrile butadiene styrene	丙烯腈－丁二烯－苯乙烯共聚物
2	BPR	Business Process Reengineering	流程再造
3	EVA	Ethylene-vinyl acetate copolymer	乙烯醋酸乙烯共聚物
4	JIT	Just in time	准时制生产方式
5	MC	Mass Customization	大规模定制
6	OPL	One Point Lesson	单点教材
7	PVC	Polyvinyl chloride	聚氯乙烯
8	PP	Polypropylene	聚丙烯
9	PMMA	Polymethyl methacrylate	聚甲基丙烯酸甲酯
10	PUR	Polyurethane	聚氨酯
11	PO	Polyolefin	聚烯烃
12	TPM	Total Productive Maintenance	全员生产维护